中国农业科学院
兰州畜牧与兽药研究所年报
（2015）

杨志强　赵朝忠　张小甫　主编

中国农业科学技术出版社

图书在版编目（CIP）数据

中国农业科学院兰州畜牧与兽药研究所年报．2015 / 杨志强，赵朝忠，张小甫主编．—北京：中国农业科学技术出版社，2017.12

ISBN 978-7-5116-3399-6

Ⅰ．①中… Ⅱ．①杨…②赵…③张… Ⅲ．①中国农业科学院-畜牧-研究所-2015-年报②中国农业科学院-兽医学-药物-研究所-2015-年报 Ⅳ．①S8-242

中国版本图书馆 CIP 数据核字（2017）第 292341 号

责任编辑 闫庆健
文字加工 段道怀
责任校对 李向荣

出 版 者 中国农业科学技术出版社
北京市中关村南大街 12 号 邮编：100081
电 话 (010)82106632(编辑室) (010)82109702(发行部)
(010)82109709(读者服务部)
传 真 (010) 82106650
网 址 http://www.castp.cn
经 销 者 各地新华书店
印 刷 者 北京建宏印刷有限公司
开 本 880 mm×1 230 mm 1/16
印 张 9.75
字 数 267 千字
版 次 2017 年 12 月第 1 版 2017 年 12 月第 1 次印刷
定 价 36.00 元

《中国农业科学院兰州畜牧与兽药研究所年报（2015）》

编辑委员会

目　　录

第一部分　研究所工作报告

——凝心聚力谋发展，真抓实干谱新篇

2015年是“十二五”规划收官之年，也是研究所科技创新工程全面实施之年。在农业部、中国农业科学院的坚强领导和亲切关怀下，研究所领导班子带领全所职工全面贯彻党的十八届三中、四中、五中全会精神和习近平总书记系列重要讲话精神，紧紧围绕现代农业科研院所建设行动，以科技创新工程为抓手，开拓创新，真抓实干，科技创新取得新突破，条件建设获得新进展，文明建设实现新跨越，全所呈现出蓬勃发展的新局面。

一、科技创新工程

2015年，研究所全面实施创新工程。全年“奶牛疾病创新团队”“牦牛资源与育种创新团队”“兽用化学药物创新团队”“兽用天然药物创新团队”“兽药创新与安全评价创新团队”“中兽医与临床创新团队”“细毛羊资源与育种创新团队”“寒生旱生灌草新品种选育创新团队”8个创新团队获得院科技创新工程经费1 760万元。机制创新是创新工程的保障。为发挥创新工程对研究所科研的引领和撬动作用，在充分调研的基础上，修订了研究所《科研人员岗位业绩考核办法》《奖励办法》等，制定了研究所《2015年工作指南》。遵循协同、高效的原则，优化科技资源配置，对原有研究室、课题组进行重组，按团队和学科对研究所未进入创新团队的人员，依据专业及团队需求和工作任务进行调整，将其纳入相应学科的创新团队，并由团队统一组织管理，统一确定研究任务，统一实施考核，使全体科研人员均按照创新团队目标任务开展科研工作。为充分调动科研人员的能动性和创造力，推进研究所科技创新工程建设，建立有利于提高科技创新能力、多出成果、多出人才的激励机制，进一步厘清学科发展定位，突出优势特色，激发创新活力，构建较为完善的创新工程配套体系，制定量化考核指标，体现既重视科研投入，更突出科研产出。办法的实施，有力推动了研究所科技创新，有效发挥了创新工程对改革的促进作用，激发了全所干部职工创新热情，也为研究所探索建立以绩效管理为核心的科研创新机制奠定了基础，全年科技创新取得重大进展。科技投入实现新的增长，科研成果大幅增加，科研论文质量、专利数量有了明显上升，成果转化有了新的进展。特别值得一提的是，在院创新工程的支持下，高山美利奴羊新品种培育成功，并通过了国家审定。

立足创新，科学编制发展规划。2015年制定了研究所《“十三五”科技发展规划纲要》《科技创新工程“十三五”科技发展规划》，积极参与农业部重点实验室“十三五”发展规划、中国农业科学院“十三五”科技发展战略研究、甘肃省“十三五”科学和技术发展规划前期研究等工作。

二、科研工作

2015年，在中国农业科学院科技创新工程的引领下，积极争取科研课题，全面完成了各项科研任务。

2015年研究所获得国家、省部和横向委托科研项目80项，项目合同经费5 050.8万元，到所经费3 295.07万元。其中获得国家自然科学基金项目2项，“十二五”国家科技支撑计划项目“新

型动物药剂创制与产业化关键技术研究”获准立项。2015 年研究所共承担各级各类科研项目 176 项，合同经费 1.44 亿元，到所总经费 1.07 亿元，年度到所经费 4 287.56万元。

（一）在研项目进展良好

农业部公益性行业科研专项“中兽药生产关键技术研究与应用”，开展了防治畜禽中兽（蒙藏）药生产关键技术的研究，研制出 2 个新制剂，制定了 5 个质量标准草案，建立了 1 条兽药生产线，获国家三类新兽药证书 1 个，3 个中兽药制剂已进入新兽药评审阶段，获国家发明专利授权 5 项，发表论文 43 篇（SCI 11 篇），培养研究生 25 名。国家科技基础性工作专项“传统中兽医药资源抢救和整理”，对全国从事中兽医教学、科研、开发、管理等单位收藏或保存的中兽医药资源进行了部分调查，整理和标记药典收载的药材 256 种，补充标本 632 种，收集中兽医药资源信息 3 209条，收集人物资料 90 人，收集中兽医古籍与教材等信息 500 余条，收集书籍 77 部，收集中兽医民间经验方 541 个，收集 2 套针灸针和收录“九路针”疗法的图片及视频资料。上传展示中兽医药的各种文献资料 200 余条。国家科技支撑计划“甘肃甘南草原牧区生产生态生活保障技术集成与示范”项目，繁育优良牦牛公牛 20 头，母牛 630 头；培训牧民牦牛藏羊高效养殖技术 100 人次；开展牦牛藏羊生长与营养调控配套技术、营养平衡和供给模式技术示范；新建甘南牧区有害生物防治优化技术体系示范区 1 个，建立牧草高产丰产栽培技术试验区 1 个；建立藏汉双语科技信息平台，发布农牧业科技信息 5 052条，藏文版科技信息 206 条；开展养殖基地牛羊包虫病及家牧犬绦虫病的感染情况调查，建立了牛羊犬包虫病 ELISA 试剂盒检测方法。基本科研业务费增量项目“羊增产增效技术集成与综合生产模式研究示范”，开展了草原肥羔生产技术集成、农区舍饲肉羊生产技术集成和优质细羊毛生产技术集成研究，推广应用草原肥羔生产技术、农区舍饲肉羊生产技术及优质细羊毛生产技术 21 项，辐射带动 3 个专业合作社、15 个家庭牧场、4 个大型牧场和 2 个企业，示范羊只 12 万多只。实现牧区母羊产羔率提高 15%~20%，繁殖成活率提高 8%以上，平均日增重达到 170g/d，降低成本 10%，增效 15%以上。农区肉羊母羊产羔率提高 10%，平均日增重达到 200g/d 以上，节省成本 10%以上，增效 15%以上。细毛羊净毛产量提高 10%以上，羊毛平均净毛率提高 10%，增效 15%以上。

（二）科研成果丰硕

历经 20 年培育的“高山美利奴羊”新品种通过国家畜禽品种委员会审定，正式成为国家级品种。这是我所继甘肃高山细毛羊和大通牦牛之后自主培育的又一个家畜新品种，凸显了研究所在草食家畜育种方面的创新优势，对于推动产业发展将产生重大影响，为科技创新工程谱写了绚丽的篇章，为一流研究所建设交出一份满意的答卷。全年获得科技成果奖励 12 项，其中“奶牛主要产科病防治关键技术研究、集成与应用”获得甘肃省科技进步二等奖，“西北干旱农区肉羊高效生产综合配套技术研究与示范”获得甘肃省科技进步三等奖，“重离子束辐照诱变提高兽用药物的生物活性研究及产业化”获得甘肃省技术发明三等奖。获得新兽药证书 2 项，完成科技成果登记 7 项。发表论文 159 篇（其中 SCI 论文 37 篇、院选 SCI 论文 11 篇），总计影响因子 52.95，最高 3.447，平均影响因子 1.43；颁布行业标准 3 项；授权专利 259 项（其中发明专利 21 项）；出版著作 9 部；授权软件著作权 3 项。

（三）学术交流与国际合作取得新突破

2015 年是研究所组团出访次数最多、人员规模最大的一年，先后派出 16 个团 51 人次参加国际学术会议和开展合作交流，分别出访美国、肯尼亚、澳大利亚、荷兰、瑞士、苏丹、俄罗斯、日本、英国和西班牙 10 个国家。先后邀请爱尔兰、美国、西班牙、澳大利亚、英国、德国、匈牙利、吉尔吉斯斯坦等国家以及国内的军事医学科学院、中国兽医药品监察所、国家千人计划和中国台湾地区的著名专家学者 39 人次来所访问，做学术报告 34 场。西班牙海博莱公司与研究所签订了“Startvac 奶牛乳房炎疫苗临床有效性试验”项目合作协议，项目经费 100 万元。获“中日青少年科技交流计划项目”1项。2014—2015年度中德农业科技合作项目计划“牦牛分子细胞工程育种技术创新利用研究”1项。中泰政府间科技合作联委会第21次会议项目“中泰中兽医联合实验室建设推荐交流”1项。

三、科技兴农和开发工作

成果转化与科技服务取得新进展。2015年，为促进科技成果的转化和所地合作，研究所先后与甘肃省定西市、临泽县、高台县、肃南县、岷县和四川江油小寨子生物科技有限公司等签订科技合作协议。与成都中牧生物药业有限公司、岷县方正草业开发有限责任公司、河南黑马动物药业有限公司、河南舞阳威森生物医药有限公司、北京中联华康科技有限公司、郑州百瑞动物药业有限公司、甘肃省绵羊繁育技术推广站、甘南合作农业科技园区8家单位签订成果转让与技术服务合同，总经费258万元，到所162.5万元。

研究所积极响应甘肃省委省政府号召，深入开展“双联”行动和精准扶贫，先后有12批55人（次）赴甘南州临潭县新城镇4个村开展双联行动。驻村帮扶工作队调查摸底，筛选确定了精准扶贫户312户1 139人，完成了精准扶贫大数据系统平台建设因户施策信息采集录入工作。研究所筹资为肖家沟村村委会购置办公桌椅和电脑等设施，争取甘肃省交通运输厅为肖家沟村、红崖村修建两座便民桥资金80万元，为南门河村80户村民争取到92万元危房改造资金，为肖家沟村争取到150万元的“精准扶贫整村推进”2 000m道路建设项目，向联系村三所小学捐赠图书3 000册，举办了牛羊高效养殖、疫病防治关键技术和中药材种植实用技术培训班，向养殖户免费发放了价值5万元的舔砖、驱虫药、消毒药等产品，发放科普资料500本，为肖家沟村文化广场安装篮球架1对，丰富了村民的文化体育生活。

药厂在确保安全生产的前提下，积极应对兽药市场变化，克服各种困难，完成年度经济目标任务。伏羲宾馆通过扩大对外宣传，加强员工培训，提升服务质量等措施，完成经营收入指标。

四、人才队伍和科研平台建设

人才队伍建设取得新成绩。2015年，研究所1人入选国家百千万人才工程，1人获“国家有突出贡献中青年专家”荣誉称号，1人获得国务院政府特殊津贴，“兽药创新与安全评价创新团队”入选第二批农业科研杰出人才及其创新团队。向西藏自治区、张掖市甘州区各选派1名专家挂职，选派2名专家参加中国农科院组织的科技团队管理者研讨班，选派1名专家参加专业技术人才知识更新工程国家级高级研修班学习。

按照创新团队建设需要，研究所组织开展了工作人员招录工作，新录用人员4名。2015年招收研究生14名，其中博士研究生3名。16名博硕士研究生和8名专业学位研究生顺利通过毕业论文答辩。完成了59人岗位分级聘用工作和33人第二次聘期考核工作。

科技平台建设取得新进展。2015年，中国农业科学院羊育种工程技术研究中心通过中国农科院的审批。SPF级标准化动物实验房通过了甘肃省实验动物管理委员会年检。农业部兽药创制重点实验室通过中期考评，被评为优秀。甘肃省新兽药工程重点实验室、甘肃省牦牛繁育工程重点实验室等省级科技平台主任及学术委员会主任进行了换届遴选工作。申报的农业部饲料和饲料添加剂毒理学评价试验机构，已通过农业部饲料办专家组现场考察。

五、条件建设与管理服务

（一）条件建设再创佳绩

2015年，综合实验室建设项目分别荣获“甘肃省建设工程飞天奖”和“兰州市建设工程白塔奖”。组织完成研究所“十三五”期间基本建设规划，规划项目7项总经费1.36亿元。张掖试验基地建设项目完成规划许可和招投标、监理施工，已完成实验用房主体和场区道路建设。截至11月底，完成总建设任务的2/3。完成了农业部兽用药物创制重点实验室建设项目初设及概算编制、进口仪器报批。完成了研究所2016—2018年度修缮购置专项规划7项，通过农业部和中国农业科学院审批6项，总经费4 000万元，其中2016年度修缮购置专项2项，经费1 241万元。2011—2012年度修购专项顺利通过部院验收。全面完成2013年度修购项目“大洼山锅炉煤改气工程”，燃气锅炉顺利点火运行，保障了大洼山试验基地的供暖，进一步改善了基地生活条件，加快了基地生态文明建设步伐。“张掖试验站基础设施改造工程”完成工程结算审核。2014年度修购项目“所区大院基础设施改造”竣工验收。

（二）管理能力明显提高

管理服务部门人员不断加强学习，提高管理水平，认真履行岗位职责。在行政管理上，编印了研究所《2015工作指南》和《2013年工作年报》等，在中国农科院院网、院报和《工作简讯》等院媒发表稿件51篇，在《农业科技要闻》发表1篇。在中国农村科技、中国科学报、光明网、中国网、中国文明网、农业部网、中国甘肃网等重要媒体和兰州日报、定西日报等地方媒体共发表报道12篇。在所网发布新闻报道110篇。研究所获得中国农业科学院科技传播工作先进单位称号，1名同志被评为先进个人。编印研究所《工作简报》12期，主办宣传栏13期。开展保密教育，购置保密设备，并接受了农业部办公厅和中国农科院办公室保密检查。在科研管理上，通过申报动员、交流座谈、实施论证、定期检查和评审验收等多种方式，确保项目成功立项和顺利实施，为科技人员提供服务和支持。在财务与资产管理上，严格执行财务制度，加强财务内控，确保资金安全；加强预算管理，预算执行进度达到85%以上。在人事劳资管理上，按照相关文件精神，为在职职工办理了2015年度薪级工资晋升，进行了养老保险改革相关工作。在基地管理上，完成了两个综合试验基地发展规划的编制，张掖综合试验基地发展规划已通过了中国农业科学院验收和地方政府批复。在离退休职工管理上，召开了迎新春茶话会，走访慰问了15名离退休职工、困难职工和遗属，看望了兰外居住的离退休职工，慰问生病住院的离退休职工60余人次，为80岁以上老同志送生日蛋糕65次。安全生产常抓不懈，调整了研究所安全生产领导小组，建立健全了各部门和实验室安全员队伍，签订安全生产责任书。年内集中开展2次安全生产教育活动，召开安全生产专题会9次，开展了8次安全生产隐患专题检查。针对排查中发现的问题积极落实整改措施，添置了消防器材、气瓶架，清理了废旧化学试剂，新建部分库房。强化在岗值班制度，节假日和集体休假均安排值班。加强车辆管理，全年安全行驶12.86万km。在后勤管理上，继续绿化美化大院环境，全年补植草坪300余m^2，修剪草坪25次8万余m^2、绿篱5次约2 500m^2，修剪树木400余株。本研究所荣获“甘肃省卫生单位”称号。

六、党的工作与文明建设

按照中国农业科学院党组要求，开展做好职工学习教育，开展组织建设、廉政建设，党建和文明建设迈上一个新台阶。

（一）加强理论学习

制定了研究所《2015年党务工作要点》《2015年职工学习教育安排意见》《2015年理论学习中心组学习计划》，以集中学习、理论中心组学习、支部学习等多种形式，认真开展党的“十八大”、十八届三中、四中、五中全会精神、习近平总书记系列重要讲话精神、社会主义核心价值观及“三严三实”专题学习教育活动。扎实开展“三严三实”专题教育，制定了研究所《开展“三严三实”专题教育工作方案》，通过所领导上专题党课和收看了专题辅导报告，践行“三严三实”，牢记责任使命，推进创新发展，提高党员领导干部廉洁自律的意识和干事创业的作风。

（二）加强组织建设和廉政建设

制定了研究所《加强服务型党组织建设工作方案》。年内转正党员 1 名，确定入党积极分子 2 名。所党委被中国农科院直属机关党委评为党建宣传信息工作先进单位，1 名同志被评为党建宣传信息工作优秀信息员。制定了研究所《2015 年党风廉政建设工作要点》和《关于落实党风廉政建设主体责任监督责任实施细则》。通过全所职工大会、专题学习会议、辅导报告等形式，学习廉政规定和相关政策，学习农业部廉政建设警示教育大会精神、中国农科院党风廉政建设会议精神。对党支部书记、纪检监察干部进行了落实“两个责任”专题培训，举办了科研经费与资产管理政策宣讲会，组织处级以上领导干部参观兰州市廉政文化主题公园，召开了落实党风廉政建设“两个责任”集体约谈会，研究所与各部门、党支部、创新团队负责人、基建项目和重大科研项目负责人签订了廉政建设责任书 171 份。承办了中国农业科学院纪检监察华中协作组会议。

（三）发挥工青妇和统战作用

组织召开了第四届职工代表大会第四次会议。所工会被全国总工会授予“全国会员评议职工之家示范单位”称号。青工委组织开展了为研究所发展建言献策征文活动。协助九三学社七里河第一支社完成了社委换届选举。

（四）文明创建活动实现新跨越

2015 年，研究所被中央文明委授予“全国文明单位”称号，这是研究所文明建设取得的又一重大成就，标志着研究所文明建设迈上新的台阶，极大地鼓舞了全所职工的创新创业热情。全年涌现出文明职工 2 个，文明处室 5 个，文明职工 5 个。坚持每月一次的全所安全卫生清扫及检查评比活动。举办了庆祝三八妇女节联欢活动，组织职工参加大洼山试验基地平整土地和植树劳动，举办了“庆五一健步走”活动，开展了丰富多彩的离退休职工欢度重阳节趣味活动。组织开展了研究所纪念中国人民抗日战争暨世界反法西斯战争胜利 70 周年系列活动。

2015 年，研究所各项事业取得了新的成就，在建设世界一流科研院所的征程中迈出了坚实而有力的一步，实现了“十二五”期间的完美收官。这得益于创新工程的有效实施，得益于全所职工的勤奋努力。但是，职能部门也清醒地认识到发展中还存在一些深层次的问题。主要表现在：高层次人才，特别是科研领军人才缺乏；区位劣势明显，创新平台基础薄弱；国际合作交流渠道少。这些问题虽然是发展中的问题，但在一定程度上制约了研究所的可持续发展和服务“三农”能力的提升。

七、2016 年工作要点

2016 年，是“十三五”规划的开局之年。适应新常态，开创新局面。在新的一年里，在部、院党组的领导下，以科技创新工程为引领，抢抓一带一路发展机遇，瞄准学科前沿动态，突出特色优势，奋发有为，真抓实干，力求在管理机制、科学研究、人才队伍、平台建设、党建和文明建设等方面取得新的进展。

（一）根据中国农业科学院的部署和要求，按照科技创新工程的目标任务要求，进一步优化创新团队，完善创新工程配套制度，扎实推进研究所科技创新工程，争取取得新的成效。

（二）抓好科研工作。认真做好科技项目的储备和申报工作，继续加大国际合作和国家自然基金项目申报力度。加强科研计划任务执行的服务、监督和检查工作。强化科研经费管理。抓好科研项目的结题验收和总结，积极申报科技成果奖、专利和新兽药。发表一批高水平的科技论文。

（三）进一步加强所地所企科技合作，大力促进协同创新和科研成果转化。围绕服务三农和甘肃省“双联”活动，大力开展技术培训、科技下乡和科技兴农工作。

（四）加强与国内外高等院校和科研院所的科技合作，积极开展学术活动和人员交流。

（五）加强科技创新团队人才建设和中青年科技人才的培养，做好人员招聘录用工作。做好技术职务评审推荐及聘任工作。加强研究生管理，做好研究生招收与培养工作。

（六）加强基地设施建设。完成张掖基地建设项目和2016年度修缮购置项目，完成中国农业科学院前沿优势项目“牛羊基因资源发掘与创新利用研究仪器设备购置”和“药物创制与评价研究仪器购置”项目收尾工作，完成2013年度修购项目验收。

（七）根据中国农业科学院研究所评价体系要求，进一步完善各类人员的绩效考核办法和奖励办法。严格劳动纪律，加强出勤考核。加强财务管理，严格执行财务预算进度。大力推进所务党务公开。进一步抓好安全生产工作。

（八）抓好党建工作，继续加强职工学习教育，强化理论武装，提高党建工作规范化、科学化水平。认真贯彻落实党风廉政建设各项政策措施。抓好工会、统战和妇女工作。持续开展文明创建活动，营造文明和谐、积极向上的创新环境。做好离退休职工管理服务工作。

第二部分　科研管理

一、科研工作总结

2015年是“十二五”规划的收官之年，也是中国农业科学院科技创新工程全面实施进入调整推进的关键一年。面对新的发展形势与任务，研究所科研工作全面推进，顺利实施，圆满地完成了年度计划任务，取得了丰硕成绩，在动物新品种培育等领域取得了重大科技突破。同时，着眼未来，积极谋划和制定“十三五”的科技发展蓝图。

（一）“十三五”期间科技发展规划的编制工作

组织专家积极参与科技部、农业部、甘肃省、中国农业科学院“十三五”科技发展规划的编制工作，重点组织编写了研究所《“十三五”科技发展规划》（草案）《科技创新工程“十三五”科技发展规划》，为研究所“十三五”学科建设、科技创新、平台建设、国际交流与合作、人才团队建设和院地科技协同创新等做了详细周密的谋划。

1. 研究所“十三五”期间科技发展规划编制

研究所“十三五”科技发展规划编制工作于2015年初启动，成立了研究所《“十三五”科技发展规划》领导小组和编写小组，制定了科技发展发展规划编制提纲，主要从形势与任务、指导思想、基本原则、发展目标、重点工作任务、保障措施等方面进行了布局与编写工作。规划编制过程中，力图紧密结合国家及研究所需求，进一步完善科技发展规划编制方法，提高科技发展规划的可执行性、可考核性，促进科技发展规划编制工作标准化，提升编制水平和管理水平。

2. 研究所创新工程“十三五”发展规划编制

为推进中国农业科学院科技创新工程的顺利实施，在中国农业科学院创新办牵头编制《中国农业科学院科技创新工程“十三五”发展规划》的基础上，结合研究所实际，组织专家编制了《科技创新工程“十三五”发展规划（初稿）》，梳理凝练出研究所的“十三五”重点科技任务与创新目标。

（二）科研计划管理

1. 组织申报各级、各类科技项目

研究所先后组织撰写并推荐科研项目（课题）申报书或建议书120项，获得科研资助项目68项，合同经费5 050.8万元，已落实科研总经费1 931.335万元。其中“十二五”国家科技支撑计划项目“新型动物药剂创制与产业化关键技术研究”立项并召开了项目推进会，项目总经费2 088万元。获得国家自然科学基金项目2项，项目经费100.8万元。2015年，研究所在国际合作项目立项上取得新突破，中兽医与临床创新团队与西班牙海博莱公司签订了“Startvac©奶牛乳房炎疫苗临床有效性试验”合作协议，项目经费100万元。

2015年已获资助的科研项目：国家自然科学基金2项，经费100.8万元；农产品质量安全监管专项1项，经费50万元；农业行业标准1项，经费8万元；院科技创新工程新增团队4个，滚动支持团队4个，经费1 760万元；基本科研业务费增量项目2项，经费60万元；中央级基本科研业务费项目新上21项、滚动14项，经费630万元；甘肃省科技支撑计划项目课题及子课题5项，经费30万元；甘肃省国际合作计划项目1项，经费15万元；甘肃省青年基金6项，经费12万元；甘肃省农业生物技术研究与应用开发项目1项，经费10万元；兰州市科技计划项目2项，经费15万元；兰州市创新项目人才项目2项，经费60万元；国际合作项目1项，经费100万元；横向委托项目5项，经费112万元。

2. 科研计划实施管理工作

2015年研究所共承担各级各类科研项目171项，合同经费13 425.8万元，到位经费4 287.565万元。包括国家自然科学基金项目13项；农业部现代农业产业技术体系项目4项；国家科技支撑计划课题及子课题11项；科技基础性工作专项项目7项；公益性行业专项项目课题及子课题19项；863计划子课题1项；科研院所技术开发研究专项资金1项；农业科技成果转化项目1项；农产品质量安全监管专项1项；农业行业标准1项；院科技创新工程项目经费8项；基本科研业务费增量项目2项；中央级基本科研业务费项目新上21项、滚动14项；国际合作项目1项；甘肃省科技重大专项1项；甘肃省科技支撑计划课题及子课题9项；甘肃省国际科技合作计划项目2项；甘肃省工程中心评估经费1项；甘肃省中小企业创新基金1项；甘肃省成果转化项目1项；甘肃省杰出青年基金项目1项；甘肃省自然基金项目3项；甘肃省青年科技基金11项；甘肃省农业生物技术研究与应用开发项目7项；甘肃省农业科技创新项目5项；甘肃省农牧厅项目2项；兰州市科技发展计划项目4项；兰州市创新人才项目2项；横向委托项目16项。所有项目均按照年度计划和项目任务的要求有序推进，进展良好。

3. 加强研究所科技创新工程实施管理

2015年本研究所共获得中国农业科学院科技创新工程经费1 760万元，为更好的实施科技创新工程试点工作任务，组织填报了2015年院科技创新工程试点研究所任务书，认真学习院科技创新工程信息管理系统操作手册，完成了首席专家及创新科研人员的信息录入，并填报工作绩效及年度进展等监测数据等。完成了研究所与创新团队首席、团队首席与团队成员的任务书签署工作，并存档管理。完成了创新团队人员调整工作，根据实际需要，对现有科研团队的人员结构和团队名称进行了优化，报院创新办进行审批。制作了创新工程文件、制度、申报书、任务书、绩效考核、团队信息等文件盒，将创新工程不同资料进行分类归档。

4. 完善科技管理制度，强化科研计划项目实施的管理

国家自然科学基金项目“青藏高原牦牛EPAS1和EGLN1基因低氧适应遗传机制的研究”和“福氏志贺菌非编码小RNA基因的筛选、鉴定与功能研究”进行了结题总结，经国家自然基金委审核，顺利通过结题。“948”项目“牦牛新型单外流瘤胃体外连续培养技术（Rusitec）的引进与应用”顺利通过了农业部验收。国家农业科技成果转化资金项目“抗病毒中兽药‘贯叶金丝桃散’中试生产及其推广应用研究”进行了中期监理。

5. 科技档案整理与归档工作

按照研究所科研项目管理的有关规定，对研究所结题验收项目开展归档管理。目前已完成了国家自然科学基金、国家科技支撑计划、公益性行业专项、科研院所技术开发研究专项、农业科技成果转化项目、863计划项目、948项目、甘肃省重大科技计划项目、甘肃省科技支撑计划项目、甘肃省自然科学基金、甘肃省青年科学基金、兰州市科技计划项目、甘肃省农牧厅科技项目等类型项目的申请书、任务书、结题报告、验收材料等文档的整理归档工作，编制目录40余页，整理材料5 000余页。

6. 科技管理制度的完善工作

结合研究所实际情况，修订了研究所《科研人员岗位业绩考核办法》和《科技创新工程奖励办法》，并对相关内容进行了补充说明和规定。旨在鼓励科学技术和成果的转化与服务，调动科研人员创新积极性，推动科技创新与发展。制定了《中国农业科学院兰州畜牧与兽药研究所学业奖

学金评审细则》。

7. 科研基础数据的整理与总结工作

先后完成了2014年度国家科技基础条件资源调查、2014年研究所学术委员会工作总结、2014年国家自然科学基金项目管理工作报告、2015年研究所绩效考核工作、第三批试点研究所创新工程绩效任务书填报审核、2015年研究所科技创新工程宣传材料、兰州市科技局调研材料、《中国农村科技》杂志研究所宣传材料、2014年科研工作年报、2015年科技工作简报、2014—2015年研究所科学研究计划立项情况简表、2015年研究所评价工作、2015年研究所科研执行情况总结、2015年研究所科研平台建设运行情况总结、2015年研究所科技兴农工作总结、2015年研究所国际合作工作总结、2015年研究所研究生教育工作总结、研究所科研基地调查、研究所自1949年以来重大科技成果征集等材料的组织撰写工作。

（三）成果与技术服务

1. 成果培育

2015年，历经20多年培育的“高山美利奴羊”新品种通过国家畜禽品种委员会审定，这是我所继大通牦牛之后的又一个大动物新品种，凸显了本研究所在草食动物繁育方面的优势。2015年研究所共发表论文153篇，SCI论文35篇，其中院选SCI论文11篇，其他SCI论文24篇，总计影响因子49.63，最高3.447，平均影响因子1.46，院选中文核心5篇；颁布行业标准3项；申请专利247项，授权专利250项，其中发明专利21项；出版著作9部；授权软件著作权3项。

2. 科技成果奖励

2015年共获得9项科技奖励。其中“益蒲灌注液的研制与推广应用”获得2015年甘肃省农牧渔业丰收一等奖，“甘南牦牛良种繁育及健康养殖技术集成与示范”获甘肃省农牧渔业丰收二等奖；“益蒲灌注液的研制与推广应用”获兰州市科技进步二等奖，“阿司匹林丁香酚酯的创制及成药性研究”获兰州市技术发明三等奖；“抗球虫中兽药常山碱的研制与应用”获2015年大北农科技奖成果二等奖；“饲料分析及质量检测技术”获得2015年甘肃省科技情报学会科学技术奖二等奖。

“农业纳米药物制备新技术及应用”获2015年中华农业科技奖科研类成果二等奖（第三完成单位），“中药提取物治疗仔猪黄白痢的试验研究”获2015年中华农业科技奖科研类成果三等奖（第二完成单位），“肉牛养殖生物安全技术的集成配套与推广”获得2015年甘肃省农牧渔业丰收二等奖（第二完成单位）。

3. 新兽药申报

2015年共获得新兽药证书2项。“射干地龙颗粒”于2015年4月获得新兽药证书，证书号：（2015）新兽药证字17号。“射干地龙颗粒”是针对鸡传染性喉气管炎，应用中兽医辨证施治理论、采用现代制剂工艺所研制出的新型高效安全纯中药口服颗粒剂；临床试验表明给药组与空白对照组相比发病率降低23.3%，产蛋率较空白对照组提高11.67%。“苍朴口服液”于2015年10月获批三类新兽药证书：（2015）新兽药证字48号。“苍朴口服液”是依据传统兽医学理论研制的治疗犊牛虚寒型腹泻病的纯中药口服液，临床试验治愈率为86.3%，总的有效率为94.52%。

此外，2015年申报新兽药4项。其中，“丹参酮乳房注入剂”和“藿芪灌注液”已进入复核阶段，“根黄分散片”已进行二审，“板黄口服液”已通过质量复核。

4. 科技成果登记

2015年对“中国藏兽医药数据库系统V1.0”、新兽药“射干地龙颗粒”、甘肃省草品种“陇中黄花矶松”和“航苜1号紫花苜蓿”完成科技成果登记。

5. 成果转让与科技服务

2015年，研究所充分利用人才、技术与成果优势，积极加强成果转化，拓展技术咨询与服务。

先后与8家单位签订成果转让与技术服务合同，总经费258万元。并与5家单位签订科技合作协议，加快了科技成果转化，促进了地方经济发展。

与成都中牧生物药业有限公司就新兽药“苍朴口服液”技术转达成技术转让协议，转让经费70万元；与岷县方正草业开发有限责任公司签订岷山红三叶航天育种材料转让及技术服务合同，转让经费10万元。与河南黑马动物药业有限公司签订“青蒿提取物的药理学和临床研究”合同，开展青蒿提取物新兽药的相关研究，合同经费30万元；与河南舞阳威森生物医药有限公司、北京中联华康科技有限公司新兽药签订“土霉素季铵盐”的研究开发合同，开展新兽药的前期试验研究经费50万元；与郑州百瑞动物药业有限公司签订“抗炎药物双氯芬酸钠注射液”技术服务合同，开展双氯芬酸钠药代、临床试验，合同经费60万元；与甘肃省绵羊繁育技术推广站签订“青海藏羊多胎基因检测”委托服务合同，技术服务经费15万元；为甘南合作农业科技园区提供发展规划技术服务，技术服务经费20万元。

研究所还先后与定西市、临泽县、肃南裕固族自治县、岷县、江油小寨子生物科技有限公司等签订科技合作协议，共同构建院地科技合作平台，开展技术、项目、人才合作与交流。

（四）科技平台管理

2015年，研究所科技平台建设与管理工作又取得了新成绩。由细毛羊资源与育种创新团队申请的中国农业科学院羊育种工程技术中心顺利获批。SPF级标准化动物实验房通过了甘肃省实验动物管理委员会年检。国家中兽药工程技术研究中心申报工作在进行，科技部农村司、甘肃省科技厅、中国农业科学院领导先后到研究所做了专题考察调研。甘肃省新兽药工程重点实验室等省级科技平台主任及学术委员会主任进行了换届遴选工作。

（五）学术委员会工作

2015年，研究所学术委员会继续充分发挥在推进学科发展、评估重大计划、遴选优秀项目、培育重大成果、推荐优秀人才、建设科技平台、完善管理制度等方面的重要作用，对研究所科研工作提出了重要的指导性意见建议，为研究所科技创新工作保驾护航。

（六）研究生培养

2015年，研究所共招收中国农科院研究生14名，其中硕士研究生11名、博士研究生3名。有16名博硕士研究生和8名专业学位研究生顺利通过论文答辩并毕业，7名博士研究生和11名硕士研究生完成了开题报告和中期考核。目前在所的研究生数量为52人。

先后完成了2014级和2015级的28名研究生学业奖学金评定工作，并根据研究所实际情况制定了《中国农业科学院兰州畜牧与兽药研究所学业奖学金评审细则》。组织导师对2013级研究生开展了实验记录自查工作，针对检查结果提出了相关改进意见并上报研究生院。完成了基础兽医学与临床兽医学教研室的设置及教研室主任、副主任及教学秘书的组成工作，并制定了相关课程。在研究所召开“甘肃省研究生联合培养示范基地考察汇报会”，研究所与甘肃农业大学共建的“草食动物遗传育种领域研究生联合培养省级示范基地”顺利通过考察。

（七）学术交流与国际合作

2015年是研究所出访团组最多，规模最大的一年，出访成绩突出，为下一步建立良好的国际合作关系奠定了坚实的基础。研究所各创新团队及课题组共申请出国团组28个，其中已执行出访任务的团组数为26项，出访率达93%。共邀请来自爱尔兰、美国、西班牙、澳大利亚、英国、德国、匈牙利、吉尔吉斯斯坦等国家和地区的专家学者19人来所，派出16个团组，先后邀请中国台湾地区及国内外知名专家、学者和教授来所做学术报告，共组织学术报告15场，有20人次做了报告。51人（次）出访美国、肯尼亚、澳大利亚、荷兰、瑞士、苏丹、俄罗斯、日本、英国和西班牙10个国家参加国际学术会议，开展合作交流与技术培训，100多人次参加了全国或国际学术交流大会。通过与多个国家建立广泛的合作关系，提高了研究所科学研究水平和科技攻关的综合能力，使研究所科研人员获得了新的知识、新技术和新方法，锻炼和培养了科研队伍，增强了研究实力。

获得中日技术合作事物中心批准的“中日青少年科技交流计划项目”1项；获得2014—2015年度中德农业科技合作项目计划“牦牛分子细胞工程育种技术创新利用研究”1项；获得中泰政府间科技合作联委会第21次会议项目“中泰中兽医联合实验室建设推荐交流”1项。积极组织申报2016年创新型人才国际合作项目、2016年度引进境外技术和管理人才项目、2016年度中俄政府间科技合作项目、2016年因公出国境外培训计划项目等。

（八）科技宣传工作

研究所在注重科技创新工作的同时，通过新闻写作技巧培训，明确科技宣传目的，实时跟踪科研进展，在《中国农科院网》《甘肃省科技厅网》《研究所网》、兰州市科技成果交易会等媒体和平台及时报道重要新闻、展示重大成果，提高了研究所的声誉和社会影响力，助力研究所快速健康发展。

2月10—16日，研究所举办2014年度科技成果展，共展出获奖成果11项；国家标准2项；软件著作权2项；著作20部；成果转让8项；专利149项，其中发明专利15项；SCI文章35篇，其中院选SCI核心期刊7篇；院选核心中文期刊6篇。先后有120人次参观了展览。6月24—25日，组织研究所科技人员参加了2015年兰州市科技成果交易会，研究所有强力消毒灵、伊维菌素、阿维菌素、金石翁芍散、益蒲灌注液、牛羊微量元素舔砖、LMT奶牛隐性乳房炎诊断液、射干地龙颗粒等科技成果参加展会。8月31日，中国畜牧兽医学会科技部咨询主任张高霞、颜海燕来研究所，就构建产学研平台，促进科研成果转化与研究所各位专家交流洽谈。12月，根据兰州市科技大市场业务扩展需要，研究所提供了6项建所以来标志性科技成果进行宣传展示。

二、科研项目执行情况

黄土高原苜蓿碳储量年际变化及固碳机制的研究

课题类别：国家自然科学基金面上项目

项目编号：31372368　　**起止年限**：2014-1—2017-12

资助经费：82.00万元

主持人及职称：田福平 副研究员

参　加　人：胡　宇　张　茜　时永杰　路　远　李润林　朱新强　张小甫　杜天庆　杨　晓

执行情况：项目研究了1—5年的紫花苜蓿草地的植被碳密度、凋落物碳密度、0~100cm地下生物量碳密度、土壤碳密度与生态系统碳密度。结果表明紫花苜蓿总生物量碳密度在4年龄最高，为18 635.8kgC/hm^2。苜蓿草地生态系统碳密度在5年龄最高，为101.96t/hm^2，土壤碳密度占生态系统碳密度的80.6%~90.5%。获得发明专利1项，发表论文5篇，其中SCI论文1篇。

牦牛卵泡发育过程中卵泡液差异蛋白质组学研究

课题类别：国家自然科学基金青年基金

项目编号：31301976　　**起止年限**：2014-1—2016-12

资助经费：23.00万元

主持人及职称：郭　宪 副研究员

参　加　人：裴　杰　王宏博

执行情况：利用双向电泳与质谱鉴定技术分析牦牛卵泡液与血浆蛋白质组分变化，了解牦牛季节性繁殖规律。以青海高原牦牛卵泡液与血浆为研究对象，采用双向电泳技术构建牦牛卵泡液与血浆蛋白质双向电泳图谱，银染后利用 Image master 2D platinum 软件分析并采用 MALDI-TOF/TOFTM 质谱仪进行质谱鉴定。用试剂盒 ProteoExtract Albumin/IgG Removal Kit 去除高丰度蛋白质后，利用 2-DE 技术获得了分辨率较高、背景清晰、重复性好的卵泡液与血浆蛋白质电泳图谱，卵泡液与血浆蛋白质图谱对比分析共发现了 24 个差异表达蛋白质，其中 2 个蛋白质点表达上调，22 个蛋白质点表达下调。经质谱分析，最终成功鉴定出 8 个蛋白质点、5 个未知蛋白质点。成功建立并优化完善了牦牛卵泡液双向电泳技术平台。

以繁殖期青海高原牦牛卵泡液为对象，利用双向电泳技术构建牦牛成熟卵泡液与未成熟卵泡液蛋白质双向电泳图谱，银染后利用 Image master 2D platinum 软件分析并采用 MALDI-TOF-MS/MS 进行质谱鉴定，选取 Trasfferin 和 ENOSF1 进行 Western blot 验证分析。结果表明：利用 2-DE 技术获得了分辨率较高、重复性好的的牦牛成熟卵泡液与未成熟卵泡液蛋白质电泳图谱，二者蛋白质图谱对比分析共发现了 12 个差异表达蛋白质，其中 10 个蛋白质点表达上调，2 个蛋白质点表达下调。Western blot 结果表明，Transferrin、ENOSF1 蛋白随着卵泡的发育其表达量呈增加趋势。该研究成功构建的卵泡液蛋白质图谱及分离鉴定的差异蛋白质，为从蛋白质水平揭示繁殖季节牦牛卵泡发育规律及了解卵母细胞发育的微环境提供了试验数据。发表论文 6 篇，其中 SCI 收录 2 篇；授权专利 4 项，其中发明专利 2 项，实用新型 2 项。

藏药蓝花侧金盏有效部位杀螨作用机理研究

课题类别：国家自然科学基金青年基金

项目编号：31302136　　**起止年限**：2014-1—2016-12

资助经费：23.00 万元

主持人及职称：尚小飞 助理研究员

参　加　人：苗小楼　潘虎　王东升　董书伟　王旭荣

执行情况：根据任务书的要求，在对蓝花侧金盏杀螨有效部位研究的基础上，利用差异蛋白质组学研究方法，寻找和评价药物处理前后及不同时期螨虫的差异蛋白和其生物功能；但由于螨虫研究较少，缺少参考基因组学数据，MRM 验证不能进行。因此，已开展转录组学研究，以期对其研究进行补充。为阐明药物在蛋白水平的杀螨作用机理，杀螨药物的研制及作用靶点的筛选奠定基础。主编出版著作 1 部。

基于蛋白质组学和血液流变学研究奶牛蹄叶炎的发病机制

课题类别：国家自然科学基金

项目编号：31302156　　**起止年限**：2014-1—2016-12

资助经费：20.00 万元

主持人及职称：董书伟 助理研究员

参　加　人：张世栋　王东升　王　慧　尚小飞　严作廷

执行情况：选择蹄叶炎奶牛和健康奶牛血浆进行蛋白组学测序，共得到谱图 260 769张，通过 Mascot 软件进行分析后，匹配到的谱图数量是 14 335张，其中 Unique 谱图数量为 8 396张，共鉴定到 880 个蛋白，3 492个肽段，其中含 2 791个 Unique 肽段。利用 ITRAQ 同位素标记技术对奶牛血浆中的所有蛋白定量，筛选奶牛蹄叶炎不同发生发展阶段的差异蛋白，健康对照组和患病初期组相比有 35 个上调蛋白，18 个下调蛋白；和患病后期组相比有 37 个上调蛋白和 15 个下调蛋白；和患病中期相比有 36 个上调蛋白和 1 个下调蛋白；在三个对比组中存在 14 个共有的上调蛋白。蛋白质组学实验的结果将与前期检测的生理生化指标和血液流变学的指标进行统计分析，寻找其内在的相关性，并探索其与奶牛蹄叶炎发展的关系，为阐明奶牛蹄叶炎的发病机制提供理论依据。发表论文4篇，其中SCI论文1篇，授权实用新型专利1项。

牦牛乳铁蛋白的构架与抗菌机理研究

课题类别：国家自然科学基金

项目编号：31402034　　**起止年限：**2015-1—2017-12

资助经费：24.00万元

主持人及职称：裴　杰 助理研究员

参　加　人：褚　敏　包鹏甲　郭　宪

执行情况：对多个牦牛的LF基因的编码区进行了克隆，将其与奶牛的相应序列进行了比对，确定了牦牛与奶牛相比LF蛋白的氨基酸突变位点；将牦牛LF基因进行密码子优化后，转入毕赤酵母表达菌X-33细胞中，选取多个阳性克隆进行表达，使牦牛LF蛋白在X-33细胞中成功分泌表达；对LF蛋白和Lfcin三种多肽进行抑菌实验，确定了蛋白和多肽的抑菌能力与抑菌浓度；检测了奶牛和牦牛LF蛋白在不同组织中的表达量，结果表明LF蛋白的表达在卵巢、脾脏和胰腺中的表达量较高，而在肺脏和肝脏中基本没有表达。发表SCI论文1篇，授权发明专利1项，实用新型专利5项。

基于单细胞测序研究非编码RNA调控绵羊次级毛囊发生的分子机制

课题类别：国家自然科学基金

项目编号：31402057　　**起止年限：**2015-1—2017-12

资助经费：25.00万元

主持人及职称：岳耀敬 助理研究员

参　加　人：袁　超

执行情况：通过RNA质量检查、激光显微切割、RT-PCR验证等方法获得高山美利奴羊基板期毛囊单细胞；采用illumina HiSeqTM2000高通量测序技术对基板前期和基板期的毛囊单细胞进行高通量测序，通过生物学分析后获得LncRNA 884个，其中lincRNA 622个，intronic lncRNA188个，anti-sense lncRNA74个；应用链特异RNA-seq技术比较次级毛囊形态发生不同阶段（形态发生前期-87d、基板期-96d）的毛囊转录组特征，共获得新LncRNA 884个。差异基因分析后其中67个上调，125个下调；将160个具有功能注释信息的DGE富集到1 023个Go term中，其中生物学过程590条，分子功能302条，细胞组分131条；以KEGG数据库中Pathway为单位，应用KOBAS（v2.0）对DGE、、LncRNA的Pathway进行显著性富集。在绵羊次级毛囊形态发生诱导阶段的差异基因富集到136个Pathway中，显著富集的信号通路为PPAR signaling pathway对预测的LncRNA的靶基因进行Pathway富集分析，将13个LncRNA的靶基因富集到12个Pathway中，但未有显著富集的Pathway。发表SCI文章2篇，学位论文2篇。

白虎汤干预下家兔气分证证候相关蛋白互作机制

课题类别：国家自然科学基金

项目编号：31402244　　**起止年限：**2015-1—2017-12

资助经费：25.00万元

主持人及职称：张世栋 助理研究员

参　加　人：严作廷　王东升　董书伟　杨峰

执行情况：开展了家兔气分证模型及白虎汤干预模型后动物肝组织中差异表达蛋白（DEPs）

的研究。实验分为对照组（CN）、模型组（LPS）、白虎汤治疗组（LPS+BHT/LB）和白虎汤组（BHT）。使用 iTRAQ 技术在肝脏组织中共鉴定到 2 798个蛋白。利用生物信息学对蛋白定量结果分析显示，与对照组比较，各组 DEPs 分别为 63、109、38（表达倍数>1.5 或<0.5）。对各组动物差异表达蛋白的生物信息学分析结果表明，核糖体通路是差异表达蛋白主要涉及的生物学信号通路。对各组动物外周血血清细胞因子含量检测结果显示，模型组动物血清 CRP、C3、S100、IL-6、TNF-α、IL-1β、IgG、IgM、IgA 水平显著升高，白虎汤的干预可显著降低这些蛋白因子的含量；而 C4 和 IL-13 的血清水平在各组动物中没有显著变化。差异蛋白相互作用网络构建比较结果显示，白虎汤干预模型组中涉及最多通路，其主要的节点蛋白有 LYZ，LTF，LCN2。发表论文 2 篇，其中 SCI 文章 1 篇。

阿司匹林丁香酚酯的降血脂调控机理研究

课题类别：国家自然科学基金

项目编号：31402254　　　　**起止年限**：2015-1—2017-12

资助经费：25.00 万元

主持人及职称：杨亚军 助理研究员

参　加　人：李剑勇　刘希望

执行情况：本年度构建了以高脂日粮成功复制了大鼠高脂血症病理模型，相比于模型组，低、中、高剂量的 AEE 对 TG、TC 和 LDL 等指标都有显著的改善作用，而且高剂量的 AEE 对 HDL 也有显著的改善作用。AEE 的降血脂作用，也优于对照药物阿司匹林、丁香酚、阿司匹林+丁香酚（摩尔比为 1∶1）、辛伐他丁等。在实验条件下，AEE 对大鼠高脂血症的最佳给药方案为 54mg/kg，灌服给药，每日一次，连续给药 5 周。另外，建立了基于液相色谱-精确质量飞行时间质谱的血清代谢组学研究方法，对大鼠的盲肠微生物菌群组成进行了 16S rDNA 检测，为后续的 AEE 降血脂调控机理研究奠定了基础。发表论文 2 篇，其中 SCI 文章 1 篇。

发酵黄芪多糖基于树突状细胞 TLR 信号通路的肠黏膜免疫增强作用机制研究

课题类别：国家自然科学基金

项目编号：31472233　　　　**起止年限**：2015-1—2018-12

资助经费：85.00 万元

主持人及职称：李建喜 研究员

参　加　人：张景艳　张　凯　王旭荣　王　磊

执行情况：本研究通过反复摸索，建立了小鼠外周血单核细胞体外分离、培养，脂多糖、发酵黄芪多糖诱导其分化小鼠外周血成熟树突状细胞的技术体系，采用显微观察、流式细胞术、扫描电镜、MTT 等方法分析、鉴定小鼠外周血单核细胞及其诱导分化的成熟外周血树突状细胞。在前期研究基础上，进一步优化发酵黄芪多糖、黄芪多糖的提取、纯化工艺，制备细胞试验用多糖。采用腹腔注射 OVA，收获小鼠致敏脾细胞，并通过 MTS、ELISA 检测方法评价发酵黄芪多糖对小鼠骨髓源树突状细胞抗原递呈能力的影响。结果表明：从培养第 1d 至第 5d 细胞体积逐渐增大、形态由圆形分化至不规则，大部分单核细胞逐渐向树突状细胞分化，少部分分化为巨噬细胞；培养第 5d 时，单核细胞浓度为 77.3%，10ng/mL LPS 作用 24h，可诱导小鼠外周血单核细胞成功分化出表面可见较长突起的成熟树突状细胞；确定 FAPS 诱导分化小鼠外周学树突状细胞的最佳作用浓度和时间为 100μg/mL，24h；采用石油醚加热回流黄芪、发酵黄芪产物可有效去除脂类物质，提取后生药黄芪多糖、发酵黄芪多糖的纯度分别为 79.8、83.5%；发酵黄芪多糖添加浓度为 50～100μg/mL，可以明显促进小鼠 DC 细胞的成熟，提高其抗原递呈能力。发表论文 5 篇，授权实用新型专利

2项。

青藏高原牦牛与黄牛瘤胃甲烷排放差异的比较宏基因组学研究

课题类别：国家自然科学基金

项目编号：31461143020　　**起止年限：**2015-1—2019-12

资助经费：200.00万元

主持人及职称：丁学智 副研究员

参　加　人：阎　萍　梁春年　郭　宪　包鹏甲　褚　敏

执行情况：以户为单位，选择60头健康、体况接近的妊娠母牦牛，胎次为2~4胎。将牦牛分为2组，分别为试验30头（精料+舔砖）、对照组30头（不补饲）。在试验前进行驱虫健胃，驱虫药按1.5~2mg/kg；对补饲条件下妊娠牦牛的生长和繁殖特性进行了研究，结果表明，在自然放牧条件下，试验组平均增重4.37kg，对照组体重损失7.66kg，围产期牦牛补饲后的体重比对照组平均增加了13.82kg，两组差异极显著（$P<0.01$）；在90d试验期内，试验组牦牛日增重为48.56g/d，对照组体重损失为85.10g/d。同时，分别选取上述试验中试验组和对照组各14头，采集瘤胃液，通过16S分析了补饲对瘤胃微生物群落结构的影响，对各样本的OUT进行了聚类和物种注释。同时根据所有样品的物种注释结果和OTUs的丰度信息，将相同分类的OTUs信息合并处理得到物种丰度信息表。利用OTUs之间的系统发生关系，进一步计算Unifrac距离。

甘肃甘南草原牧区生产生态生活保障技术集成与示范

课题类别：国家科技支撑计划课题

项目编号：2012BAD13B05　　**起止年限：**2012-01—2016-12

资助经费：909.00万元

主持人及职称：阎　萍 研究员

参　加　人：梁春年　丁学智　郭　宪　郎　侠　包鹏甲

执行情况：在牦牛核心群的基础上，结合牧民生产情况继续优化畜种结构，繁育优良牦牛公牛20头，母牛630头。培训牧民藏牦牛高效养殖技术100人次，在示范区指导生产并发放冬春季牦牛补饲料5吨，矿物盐营养添砖4吨；进行牦牛藏羊生长与营养调控配套技术、营养平衡和供给模式技术示范，从营养上解决牦牛藏羊生产性能低下的现状；进行牦牛冬季暖棚饲养技术示范，解决草畜矛盾及季节不平衡等问题。新建甘南牧区有害生物防治优化技术体系示范区1个，面积150亩；建立牧草高产丰产栽培技术试验区1个，面积500亩（1亩≈667平方米，下同）。建立汉藏双语科技信息平台，汉文版共整理发布农牧业科技信息5 052条，藏文版平台共搜集翻译各类科技信息206条，已整理发布71条。继续对养殖基地牛羊包虫病及家牧犬绦虫病的感染情况进行调查，投放驱虫药物20 000头次，并根据35头（份）犬、63头（份）牛和60头（份）羊粪便样品检测结果，获得甘南州包虫病感染情况；建立了快速检测牛羊犬包虫病ELISA试剂盒方法，进一步为探索甘南牧区生产生态生活体系优化模式，为牧区经济发展、生态环境保护提供保障。获得甘肃省农牧渔业丰收奖获二等奖1项；培训农牧民400多人次。

甘肃甘南草原牧区牦牛选育改良及健康养殖集成与示范

课题类别：国家科技支撑计划子课题

项目编号：2012BAD13B05-1　　**起止年限：**2012-01—2016-12

资助经费：200.00万元

主持人及职称：梁春年 副研究员

参　加　人：包鹏甲　郭　宪　丁学智　郎　侠　裴　杰

执行情况：根据课题研究任务和前期工作安排，多次下点对项目实施示范区碌曲县尕海乡尕秀村进行调研，对村牧户的牦牛的生产现状、天然草地、人工草地及窝圈种草现状、牧户的生活现状进行现场调研，并针对牧业生产中存在的急需解决的三生问题进行交流。结合尕秀村牦牛养殖情况、急需关键技术等问题，与当地相关专家进行了座谈，对该项目在碌曲县实施提出了具体意见。项目在课题试验基点碌曲县尕海乡尕秀村现有牦牛饲养量的基础上，经表型鉴定和个体性能测定，进行个体编号，按目前现有草场区域与牦牛放牧区域分 3 个点设立甘南牦牛良种繁育区，开展种牛选育和繁育，2014 年繁育优良牦牛公牛 20 头，母牛 630 头。在对碌区县旮秀乡畜群结构调查的基础上，根据当地的实际情况和牧户生产生活的需求，继续优化畜种年龄结构和性别结构，加大能繁母畜的比例。基于甘南牦犊牛生产现状，结合当地的饲草情况，打破传统饲养模式，研究自由放牧条件下全哺乳与断奶补饲对犊牛生长发育，探索并建立推广犊牦牛合理的饲养模式。进行了牦牛冬季暖棚饲养技术示范，旨在示范研究冷季暖棚牦牛饲养，为了解决草畜矛盾及季节不平衡、提高牦牛的商品率、增加牧民收入、减轻天然草地压力、恢复天然草地植被寻求新的途径。

甘肃南部草原牧区人畜共患病防治技术优化研究

课题类别：国家科技支撑计划子课题

项目编号：2012BAD13B05-2　　　　**起止年限：**2012-01—2016-12

资助经费：60.00 万元

主持人及职称：张继瑜　研究员

参　加　人：周绪正　李　冰　魏小娟　牛建荣　李剑勇　杨亚军　刘希望

执行情况：根据课题计划安排及设定的阶段目标，课题各项考核指标完成情况良好：建立动物包虫病综合防控技术规范 1 个，并获农业部 2012—2015 主推 100 项轻简化技术之一，在牧区广泛推广应用；在屠宰场、养殖基地调查牛羊包虫病及家牧犬绦虫病的感染情况，举办培训班 2 次，培训农牧民 150 人次，投放牛羊及犬驱虫药物 20 000头次，发放环境消毒药 100kg，综合防控工作正有条不紊的开展。

奶牛健康养殖重要疾病防控关键技术研究

课题类别：国家科技支撑计划课题

项目编号：2012BAD12B03　　　　**起止年限：**2012-01—2016-12

资助经费：728.00 万元

主持人及职称：严作廷　研究员

参　加　人：刘永明　李宏胜　潘　虎　苗小楼　齐志明　王胜义　王东升　王旭荣　杨　峰　罗金印

执行情况：改进了奶牛乳房炎主要病原菌的 PCR 检测方法，优化了奶牛乳房炎多联苗生产工艺，完善了质量标准，进行了乳房炎亚单位疫苗的免疫效力研究。研制出牛结核病体外 γ-干扰素检测试剂盒和通用型牛结核 γ-干扰素检测法。建立了以 IGBP 为二抗的增强型口蹄疫 AG 表位-ELISA 奶样检测方法。筛选出 MPO 主要抗原表位 MP1，为奶牛隐性子宫内膜炎诊断胶体金试纸条的研制奠定了基础。开展了防治奶牛子宫内膜炎、犊牛腹泻和不发情高效药物“藿芪灌注液”“丹翘灌注液”和“苍朴口服液”的研究。组装集成奶牛寄生虫病防控技术体系 1 套，建立起奶牛寄生虫虫种资源库框架。用牛传染性鼻气管炎血清抗体检测的间接 ELISA 方法调查了黑龙江省 13 个地区 IBRV 的感染率，开展了牛传染性鼻气管炎病毒灭活苗的安全性和免疫效力实验研究。进行了重组大肠杆菌毒素蛋白 LT-IIc1B-Stx2B-STa13 疫苗的研究。开展了复方酮康唑软膏剂的安全性和临床应用实验。建立了奶牛酮病、脂肪肝和真胃变位群体监测体系，在多个奶牛场示范应用表明早期预警率在90%以上。建立绵羊脂肪肝和奶牛真胃变位B超诊断技术，牛场应用诊断率在90%以上。完成奶牛能量代谢障碍性疾病饲用微生态制剂和瘤胃酸中毒微生态制剂动物实验，并研发出防治奶牛低钙血症和能量代谢障碍的保健产品。

奶牛不孕症防治药物研究与开发

课题类别：国家科技支撑计划子课题

项目编号：2012BAD12B03-1　　**起止年限**：2012-01—2016-12

资助经费：115.00万元

主持人及职称：严作廷 研究员

参　加　人：王东升　苗小楼　潘　虎　张世栋　尚小飞　陈炅然

执行情况：根据农业部兽药评审中心意见，对治疗奶牛不发情中药制剂藿芪灌注液主要从药学、药理毒理与临床方面进行了试验和相应材料补充，主要补充了淫羊藿、丹参、红花的薄层鉴别，淫羊藿苷和黄芪甲苷含量测定的方法学研究，第24个月的长期稳定性试验，藿芪灌注液治疗奶牛卵巢静止和持久黄体的临床扩大试验，撰写了新兽药申报补充材料，通过初评进入复核阶段，制备了复核样品。对治疗奶牛子宫内膜炎的药物丹翘灌注液进行了长期稳定性试验。制备丹翘灌注液320瓶，在甘肃荷斯坦奶牛繁育示范中心奶牛场、吴忠市小西牛养殖有限公司等奶牛场进行了临床试验。培训奶牛养殖人员200人次。发表论文10篇，取得专利8项，培养硕士研究生2名。

奶牛乳房炎多联苗产业化开发研究

课题类别：国家科技支撑计划子课题

项目编号：2012BAD12B03-3　　**起止年限**：2012-01—2016-12

资助经费：50.00万元

主持人及职称：李宏胜 研究员

参　加　人：王东升　苗小楼　潘　虎　张世栋　尚小飞　陈炅然

执行情况：完成奶牛乳房炎多联苗的制苗生产工艺，免疫佐剂筛选及效力检验方法研究。完成疫苗中试生产，临床中试及人工感染复核试验研究。临床试验达到能降低奶牛乳房炎发病率60%~80%，免疫持续期在6个月以上。开展了多联苗对靶动物的安全性试验，小白鼠用于疫苗效力检测的平行试验，多联苗免疫持续期、保存期研究及中试生产。撰写了新兽药申报材料，目前正在进行临床试验的申请工作。在全国各地临床推广应用乳房炎多联苗2万头左右。培养硕士研究生1名，发表论文3篇，申请专利1项，申报新兽药证书1项。

防治犊牛腹泻中兽药制剂的研制

课题类别：国家科技支撑计划子课题

项目编号：2012BAD12B03-4　　**起止年限**：2012-01—2016-12

资助经费：50.00万元

主持人及职称：刘永明 研究员

参　加　人：齐志明　王胜义　刘世祥　王　慧　荔　霞　董书伟

执行情况：按照项目目标和任务，通过正交试验和单因素考察，优化了制剂的最佳制备工艺，最佳工艺验证试验中，即使药材量放大10倍，制剂中盐酸小檗碱和厚朴酚及和厚朴酚含量也没有影响，提示工艺重现性良好。28d的亚慢性毒性试验表明，苍朴口服液不影响动物的采食、活动、饮水，不会引起动物的发病和死亡，对动物的增重及饲料消耗无影响；对动物的血液生理指标和血液生化指标无影响，通过测量脏器系数和病理切片检测，药物不会给动物的实质器官带来损害，在上述给药剂量下大鼠连续给药28d是安全的。质量控制研究中，对处方中的苍术、黄连、厚朴、补骨脂、陈皮做了薄层色谱鉴别，斑点清楚，分离效果好，阴性无干扰，专属性强，方法可靠；处方中黄连的有效成分盐酸小檗碱和厚朴的有效成分厚朴酚及和厚朴酚采用高效液相色谱测定其含量，试验结果表明该方法简便可靠，精密度高，分离度好，可用于苍朴口服液的质量控制。发表论文2篇，其中SCI文章1篇。

甘南高寒草原牧区“生产生态生活”保障技术及适应性管理研究

课题类别：国家科技支撑计划子课题

项目编号： **起止年限：**2012-01—2016-12

资助经费：25.00万元

主持人及职称：时永杰 研究员

参　加　人：田福平　胡　宇　李润林　张小甫　宋　青

执行情况：开展甘南高寒草原生态保育技术研究：完成了试验区保育工程实施情况的调研，对其基础资料、背景资料进行搜集和整理；完成各项保育关键技术的单项对比试验；进行了退化草地生态系统组成结构功能调查与研究、沙化草地植被恢复与重建模式的研究等工作。开展了项目实施区、相关工程的地面土壤、植被指标的相关观测。完成草地样方50个样方。搜集野生牧草资源20份，完成了中期检查。发表论文4篇，其中SCI文章1篇，获得发明专利2项，实用新型专利2项。

传统中兽医药资源抢救和整理

课题性质：科技基础性工作专项

项目编号：2013FY110600 **起止年限：**2013-6—2018-5

资助经费：1 034.00万元

主持人及职称：杨志强 研究员

参　加　人：张继瑜　郑继方　王学智　李建喜　罗超应

执行情况：对全国从事中兽医教学、科研、开发、管理等单位收藏或保存的中兽医药资源进行了部分调查；对中国兽药典（2010版）二部收载的中药材产地信息进行搜索和划分，并与现有的标本进行了对比，共整理和标记药典收载项目组未收集的药材256种；开展了华北区、华中区、东北区、华南区和东北区等地区的中兽医药资源搜集工作，补充标本632种，其中浸制标本有42种；收集中兽医药资源信息3 209条；收集人物资料近90人，采访75人，发表采访论文10余篇；收集中兽医古籍与教材等信息500余条，收集书籍77余部，编撰了《中兽医传统诊疗技艺》《中兽医传统加工技术》部分书稿、初步注解中兽医古籍《猪经大全》、参加编译英汉对照《元亨疗马集选释牛驼经》；收集中兽医诊疗方法和针灸挂图近10副；收集中兽医民间方剂、经方或验方541个；收集2套针灸针和收录“九路针”疗法的图片及视频资料；上传展示中兽医药的各种文献资料200余条，逐步完善“中兽医药资源共享数据库”网站。

传统中兽医药标本展示平台建设及特色中兽医药资源抢救与整理

课题性质：科技基础性工作专项子课题

项目编号：2013FY110600-01 **起止年限：**2013-6—2018-5

资助经费：334.00万元

主持人及职称：杨志强 研究员

参　　加　　人：孔晓军　尚小飞　秦　哲　孟嘉仁　李建喜　王学智　王　磊

执行情况：通过文献查阅、野外调查、人物访谈、博物（陈列）馆调研，完成甘肃省、西藏（自治区）中兽药资源、器械现存量调查报告1份；在西藏自治区（以下称西藏）、甘肃省药材大省陇南市和甘南州等地市收集到中兽医药资源信息1 036条和中兽医药古籍18余部；收集到标本215份；在西藏、甘肃省等地走访民老中兽医、兽医局（站），收集中兽医民间经方验方25个；专访甘肃、西藏等地各地教学、科研和动物医院等部门，了解中兽医针灸技术在动物疾病防治中的应用情况，获得其技术传播所需的条件；继续将收集的古籍著作等文献资料、兽医针灸手法与特色诊疗技术、兽用中药标本、针灸模型和针具的数字化，进一步完善中兽医药资源共享数据网络平台。

东北区传统中兽医药资源抢救和整理

课题性质：科技基础性工作专项子课题

项目编号：2013FY110600-04　　**起止年限：**2013-6—2018-5

资助经费：100.00万元

主持人及职称：张继瑜 研究员

参　　加　　人：周绪正　李　冰　吴培星　牛建荣　魏小娟

执行情况：收集撰写黑龙江省上世纪中兽医发展情况，对东北三省现有中草药栽培情况进行了资料收集。收集验方202个，搜集书籍《黑龙江省中兽医经验集》《（黑龙江省）中兽医诊疗经验选编》《辽宁省中兽医经验集》（上册）、《辽宁省中兽医经验集》（下册）、《吉林省中兽医验方选集》《兽医外科学与矩形外科学》《老中医资料》7部，制作标本25份，老中兽医专家田宝峰进行了采风，录制影像资料3份，发表文章1篇，申请专利2项，编撰《中兽医传统加工技术》。

华中区传统中兽医药资源抢救和整理

课题性质：科技基础性工作专项子课题

项目编号：2013FY110600-05　　**起止年限：**2013-6—2018-5

资助经费：100.00万元

主持人及职称：郑继方 研究员

参　　加　　人：王贵波　罗永江　辛蕊华　李锦宇　谢家声

执行情况：初步明确了湖南、江西两省区域内的中兽医文献资源、古籍著作、中兽医传统经方验方和单方及民间方剂、传统针灸技术资源、中兽医传统诊疗技术、中兽药栽培技术、濒危中兽药生长环境及生活习性相关信息、实物的现状；完成了湖南、江西两省搜集中兽药标本、兽用针灸针具、兽医针灸及穴位教学挂图、针灸穴位和经络动物模型图、药物加工炮制器械、药物、传统中兽医临床诊断器械、传统中兽医药现代化研究成果信息的基点单位；搜集了部分兽医器具实物和图片，编撰了《中兽医传统诊疗技艺》部分书稿。

华南区传统中兽医药资源抢救和整理

课题性质：科技基础性工作专项子课题

项目编号：2013FY110600-06　　**起止年限：**2013-6—2018-5

资助经费：100.00万元

主持人及职称：王学智 研究员

参　　加　　人：王　磊　曾玉峰　周　磊

执行情况：完成了福建省传统中兽医药资源的搜集和广西壮族自治区（以下称广西）省中兽药资源的初步调查，收集中草药信息1 873条，采集了114种中草药照片；收集中兽医相关书籍信息300

多条，获得书籍 13 本；收集验方 100 多条，器具信息 5 条，获得针灸针 2 套；采访 8 名老中兽医专家，3 名老中兽医专家的后人和 2 个有代表性的中兽药企业；撰写福建中兽医药调研报告 1 份。

华北区传统中兽医药资源抢救和整理

课题性质：科技基础性工作专项子课题

项目编号：2013FY110600-07　　**起止年限：**2013-6—2018-5

资助经费：100.00 万元

主持人及职称：李建喜 研究员

参　加　人：王旭荣　张景艳　张　凯　秦　哲　孟嘉仁

执行情况：完成 2015 年研究所中兽药标本室搬迁，将已经制作和收集的标本进行妥善的处理保存。继续开展了华北地区主要图书馆的调研查阅工作，将一些主要的书籍名称记录在案。收集整理的代表性古籍 47 套 200 本。整理收录“马经大全”（春夏秋冬四卷）中的春卷。收集整理 90 余名名中兽医的相关资料，完善“中兽医药资源共享数据库”。与几个课题组合作，归类道地药材 200 多种，分别划定主产区。

华东区传统中兽医药资源抢救和整理

课题性质：科技基础性工作专项子课题

项目编号：2013FY110600-08　　**起止年限：**2013-6—2018-5

资助经费：100.00 万元

主持人及职称：罗超应 研究员

参　加　人：李锦宇　谢家声　王贵波　罗永江　辛蕊华

执行情况：完成安徽省传统中兽医药资源及器械调查报告一份，查询到《司牧安骥集》作者李石的图像等相关资料 10 余条。收集整理兽医针灸学教学、理论、临床、穴位、经络、针法灸法及新技术等资料 200 余篇条，发表“犬体针灸穴位图的 26 处订正探讨”等论文。收集整理中兽医经方、验方等临床相关资料 400 余篇条，待出版《猪病防治与猪场安全用药》与《鸡病防治及安全用药》书稿 2 部。参加编译英汉对照《元亨疗马集选释牛驼经》。

夏河社区草畜高效转化技术

课题性质：公益性行业（农业）科研专项

项目编号：201203008-1　　**起止年限：**2012-01—2016-12

资助经费：200.00 万元

主持人及职称：阎　萍 研究员

参　加　人：梁春年　郭　宪　郎　侠　丁学智　裴　杰　王宏博　包鹏甲　褚　敏　刘文博

执行情况：继续优化畜种年龄结构和性别结构，加大能繁母畜的比例。本年度采用常规选育和分子育种技术，在社区组建的牦牛藏羊核心群的基础上，加强选育，提高牦牛、藏羊生产性能。针对夏河社区牦牛养殖实际，项目组于 2015 年在夏河社区进行了代乳料对甘南牦犊牛生长发育及母牦牛繁殖性能的影响的研究，以降低饲养成本，减少其对母乳的消耗，对母牛的体况恢复及缩短其产犊周期有着积极的促进作用，并且在满足营养的前提下，适当增加饲料中可消化纤维能促进犊牦牛瘤胃的早期发育，断奶后能迅速适应对粗饲料的采食及消化，为后续生产打下良好的基础。同时，在夏河社区积极推广示范牦牛藏羊生长与营养调控配套技术、营养平衡和供给模式技术、牦牛标准化养殖技术、藏羊标准化养殖技术，培训牧民 50 人次，指导示范户牧民进行科学化、规范化、标准化生产。授权实用新型专利 2 项，授权发明专利 1 项，出版著作 1 部，发表论文 2 篇。

无抗藏兽药应用和疾病综合防控

课题性质：公益性行业（农业）科研专项

项目编号：201203008-2　　**起止年限：**2012-01—2016-12

资助经费：182.00 万元

主持人及职称：李建喜 研究员

参　加　人：杨志强　王学智　尚小飞　张　凯　张景艳　王旭荣　孟嘉仁　秦　哲　王　磊

执行情况：明确了 8 个社区藏兽药资源与利用现状，社区及周边共有中草药 2 000多种，利用率多数处于自然啃食状态；常用药物 5 大类共计 75 种，包括抗生素、化学药、中药、疫苗、抗寄生虫药；疾病有六大类 62 种，包括寄生虫病 21 种、呼吸道疾病 6 种、消化道疾病 8 种、产科病 7 种、传染性疾病 16 种、营养代谢病 4 种。对 4 种藏中兽药复方在牦牛乳房炎防治、胎衣不下防治、犊牛和羔羊腹泻防治进行了临床有效性的放大试验，结果显示优化后的组方临床有效性比 2013 年的组方有明显提高。对收集藏区的 16 个传统复方进行了筛选，筛选了 4 个治疗牦牛腹泻、胃肠道炎症、外伤和产科病的验方共 4 个，放大生产并进行了不同区域有效性试验。在社区有针对性地开展寄生虫病防治技术推广，发放 25 000头份寄生虫防治药物阿苯达唑和阿维菌素。在项目相关的羊八井社区建了一个中草药加工示范点，并配套了相关仪器设备，这为带动藏区中草药的加工、提高藏中草药的利用率和导入先进技术起了积极作用。

墨竹工卡社区天然草地保护与合理利用技术研究与示范

课题性质：公益性行业（农业）科研专项

项目编号：201203006　　**起止年限：**2012-01—2016-12

资助经费：243.00 万元

主持人及职称：时永杰 研究员

参　加　人：田福平　王晓力　胡　宇　路　远　李润林　张小甫　宋　青　荔　霞　李　伟

执行情况：本年度在前期研究的基础上初步形成墨竹工卡社区天然草地的功能区划管理方案，提交墨竹工卡社区天然草地健康评价体系 1 个，初步完成墨竹工卡社区天然草地、植物、土壤及放牧管理的数据库资料，形成墨竹工卡社区草原垃圾的管理办法 1 个，形成墨竹工卡社区天然草地恢复技术；完成社区天然草地植物群落调查样方 60~90 个，采集土壤样品 80~120 份；建立了 30 亩冬季补饲围封草地，重建和补播退化草地 30 亩，筛选出垂穗披碱草、披碱草、冷地早熟禾、老芒麦等优质牧草改良天然草地；改良草地 1 000亩。完成调查问卷 200 份，访问牧户累计 232 户；培训牧民 200 人次；发表论文 1 篇；申报专利 7 项。

工业副产品的优化利用技术研究与示范

课题性质：公益性行业（农业）科研专项

项目编号：20120304204　　**起止年限：**2012-01—2016-12

资助经费：260 万元

主持人及职称：王晓力 副研究员

参　加　人：齐志明　王春梅　王胜义　乔国华　张　茜　朱新强

执行情况：本年度，课题组紧密围绕项目任务书研究内容，采用微生物发酵和酶制剂等固态发酵技术研究了啤酒糟渣、苹果渣、白酒糟、菊芋渣等副产物的可发酵性能，分析测定了其饲用品质，筛选确定了最佳的菌株和酶制剂组合、配比及发酵条件；形成和完善了工业副产物的优化利用技术；与甘肃民祥牧草有限公司合作开发了苹果渣和苜蓿裹包青贮技术，对裹包青贮饲料进行了肉羊饲喂实验，并对其安全高效利用技术进行了评价；在此基础上，制定了裹包青贮饲草质量控制和调制技术规程1部；撰写了《裹包青贮饲草》甘肃省地方标准1部，并颁布实施；先后培训农户100人次；课题组在研究和实验的基础上，全年发表科研论文8篇，其中，SCI论文3篇，EI论文2篇，核心论文3篇，授权实用新型专利4项，出版著作2部，其中《饲料分析及质量检测技术研究》获得甘肃省科技情报学会科学技术二等奖。

防治奶牛繁殖障碍性疾病2种中兽药新制剂生产关键技术研究与应用

课题性质： 公益性行业（农业）科研专项

项目编号： 201303040　　**起止年限：** 2013-01—2017-12

资助经费： 1 034万元

主持人及职称： 杨志强 研究员

参　加　人： 李建喜　张景艳　王　磊　王旭荣

执行情况：本年度在上年度的基础上对研究的银翘蓝芩口服液、苍朴口服液、雪山杜鹃、紫菀百部颗粒等中兽医配方进行质量标准研究、安全性评价；完成国家兽药评审委员会对“板黄口服液”的评审，开展在产品的中试生产及工艺优化、提供三个批次中试生产样品完成新兽药质量标准复核；完成了防治奶牛胎衣不下植物精油的筛选，开展了植物精油的安全性评价；开展了藏兽药复方克痢散的抗炎、镇痛、抑制肠蠕动效果及其毒性研究；初步对紫菀百部颗粒中主药紫菀的毒性及镇咳平喘机制进行探讨。获得“苍朴口服液”新兽药证书1项，授权发明专利4项，实用新型专利5项，发表文章18篇，其中SCI 3篇，标注著作1部。

防治奶牛繁殖障碍性疾病2种中兽药新制剂生产关键技术研究与应用

课题性质： 公益性行业（农业）科研专项

项目编号： 201303040-01　　**起止年限：** 2013-01—2017-12

资助经费： 230万元

主持人及职称： 杨志强 研究员

参　加　人： 李建喜　王　磊　孟嘉仁　张景艳　秦　哲　张　凯　王旭荣

执行情况：本年度优化了宫衣净酊中急性子的薄层鉴别方法，建立了宫衣净酊中盐酸水苏碱的含量测定方法，完成了宫衣净酊的质量标准研究，撰写了质量标准草案，制备了3批宫衣净酊，开展了宫衣净酊的加速稳定性试验；完成了防治奶牛胎衣不下植物精油的筛选，开展了植物精油的安全性评价，植物精油的急性毒性试验结果显示复方精油的半数致死量为5.504mL/kg bw，眼球刺激性试验结果表明精油具有一定的刺激性，植物精油过敏性试验结果显示植物精油无致敏作用；植物精油子宫毒性试验表明植物精油对子宫无毒性。

防治畜禽卫气分证中兽药生产关键技术研究与应用

课题性质： 公益性行业（农业）科研专项

项目编号： 201303040-09　　**起止年限：** 2013-01—2017-12

资助经费： 213万元

主持人及职称： 张继瑜 研究员

参　加　人： 周绪正　牛建荣　李金善　魏小娟

执行情况：主要完成国家兽药评审委员会对“板黄口服液”的评审，开展在产品的中试生产及工艺优化、提供三个批次中试生产样品完成新兽药质量标准复核。藏药雪山杜鹃和雪层杜鹃的研究：已完成杜鹃叶挥发油成分的鉴定；杜鹃多糖中一种组分的分离纯化及结构确定；杜鹃叶70%醇提物的萃取分离及其总黄酮、总酚、金丝桃苷含量的测定；杜鹃各提取物的杀螨和体外抗氧化活性测定。授权发明专利1项，发表论文6篇，培养研究生1名，出版著作1部。

蒙兽药口服液制备关键技术研究与应用

课题性质：公益性行业（农业）科研专项

项目编号：201303040-12　　**起止年限：**2013-01—2017-12

资助经费：40万元

主持人及职称：李剑勇 研究员

参　加　人：刘希望　杨亚军

执行情况：开展了“银翘蓝芩口服液”质量标准制定工作，继续开展组方中药的薄层色谱鉴定研究，完成了连翘和苦参的薄层色谱研究；完成了银翘蓝芩口服液的加速试验、稳定性试验，正在开展银翘蓝芩口服液的微生物限度检查；完成了该口服液对靶动物鸡的安全性评价，实验结果显示该口服液对靶动物鸡无明显影响。发表论文2篇。

防治螨病和痢疾藏中兽药制剂制备关键技术研究与应用

课题性质：公益性行业（农业）科研专项

项目编号：201303040-14　　**起止年限：**2013-01—2017-12

资助经费：100万元

主持人及职称：王学智 研究员

参　加　人：秦　哲　张景艳　王　磊　张　凯　孟嘉仁

执行情况：研究了藏兽药复方克痢散的抗炎、镇痛、抑制肠蠕动效果及其毒性。结果表明，克痢散对热板、冰醋酸引起的致痛反应均有一定的抑制作用，克痢散可以抑制二甲苯引起的小鼠耳肿胀，可以显著降低小鼠的肠推进率；在番泻叶致泻试验中，中低剂量组药物分别为2~4h，4~6h抑制小鼠腹泻；克痢散的急性毒性试验结果表明LD_{50}>40g/kg，可认为其无毒；最大给药量试验结果表明小鼠的最大耐药量为40g/kg，相当于牛临床用药量（2g/kg）的20倍；亚慢性试验中，各组大鼠的饮水，饮食量未发生明显变化，其余脏器指数无显著的变化；结果说明复方克痢散可以在低中剂量下长期使用，无毒性。发表论文5篇，培养研究生1名。

2种生物转化兽用中药制剂生产关键技术研究与应用

课题性质：公益性行业（农业）科研专项

项目编号：201303040-15　　**起止年限：**2013-01—2017-12

资助经费：200万元

主持人及职称：李建喜 研究员

参　加　人：张景艳　秦　哲　张　凯　王　磊　孟嘉仁　王旭荣

执行情况：针对前期研发的2种发酵中药制剂“参芪散”和“曲枳散”，分别对相关发酵成分的工艺参数和技术路线进行优化，按照新型中兽药注册要求制定标准控制的生产关键技术，进行了2种制剂的中试生产；根据2种中兽药制剂各组成成分及相关发酵产物的生产工艺优化参数和配方的最佳组成成分，利用显微观察、薄层色谱法及高效液相色谱技术，开展新型制剂的质量标准及检测控制技术研究，建立了“曲枳散”质量标准。为获得转化黄芪多糖高产菌株，本研究利用物理和化学诱变的方法对从鸡肠道分离出可用于发酵黄芪转化多糖非解乳糖链球菌 FGM 进行诱变，筛选出可稳定遗传的正突变菌株共 2 株，其中 UN10-1 发酵黄芪后产物中多糖含量提高了 94.99%，并对 FGM9 菌株及其发酵物进行了安全性评价。发表论文 2 篇；授权发明专利 2 项，实用新型专利 2 项；培养硕士研究生 2 名。

防治仔畜腹泻中兽药复方口服液生产关键技术研究与应用

课题性质：公益性行业（农业）科研专项

项目编号：201303040-17　　**起止年限：**2013-01—2017-12

资助经费：75 万元

主持人及职称：刘永明 研究员

参　加　人：王胜义　齐志明　王　慧　刘世祥　荔　霞

执行情况：完成苍朴口服液急性毒性试验和亚慢性毒性试验，毒性试验结果表明苍朴口服液实际无毒，不会给动物的实质器官带来损害，在上述给药剂量下大鼠连续给药 28d 是安全的。完成苍朴口服液稳定性试验研究，试验结果表明，常温情况下 24 个月本制剂稳定性良好，能够保证产品的有效性和安全性；完成苍朴口服液靶动物安全性试验，结果表明苍朴口服液临床应用于犊牛是安全的。完成苍朴口服液的实验性临床试验，试验结果表明苍朴口服液可有效治疗犊牛虚寒型腹泻，达到临床用药的目的，最佳服用疗程为每日服用 2 次（早晚各 1 次），每次 100mL，2d 为 1 个疗程，治疗 2 个疗程。根据中兽药、天然药物分类及注册资料要求，参照《中国兽药典》及有关规定，撰写了新药申报材料，并上报农业部药政处。对仔猪腹泻病原菌进行了分离鉴定，鉴定结果表明，仔猪流行性腹泻病毒是引起仔猪腹泻的主要病原，并且健康仔猪的微生物菌群和腹泻仔猪也有明显的差异。发表论文 4 篇，其中 SCI 文章 2 篇。

防治猪气喘病中兽药制剂生产关键技术研究与应用

课题性质：公益性行业（农业）科研专项

项目编号：201303040-18　　**起止年限：**2013-01—2017-12

资助经费：100 万元

主持人及职称：郑继方 研究员

参　加　人：辛蕊华　王贵波　谢家声　罗永江　罗超应　李锦宇

执行情况：进行了紫菀百部颗粒药效学研究、提取物的亚慢性毒性试验、提取物对豚鼠支气管平滑肌收缩功能的影响试验等，研究结果表明紫菀百部颗粒低、中、高剂量组对猪喘气病都具有一定的效果，显效率、治愈率都随着剂量的增加而增加。观察紫菀不同极性段提取物对 SD 大鼠的肝毒性损伤，各组大鼠尿液指标、脏器指重、肝组织抗氧化酶结果未见明显异常；病理组织学检查可见石油醚组和乙酸乙酯组大鼠肝脏出现轻微的肝索紊乱、肝细胞损伤，其余组别与对照组相比无明显差异。紫菀乙醇提取物对静息状态下豚鼠离体气管平滑肌具有双向作用，其舒张气管平滑肌的作用机制可能与抑制豚鼠气管平滑肌 M 受体、H1 受体和阻断 Ca^{2+} 从而抑制细胞 Ca^{2+} 内流有关。发表 SCI 论文 1 篇，申请发明专利 1 项；培养硕士研究生 1 名。

放牧牛羊营养均衡需要研究与示范

课题性质：公益性行业专项子课题

项目编号：201303062　　**起止年限：**2011-01—2017-12

资助经费：162 万元

主持人及职称：朱新书 副研究员

参　　加　　人： 包鹏甲　王宏博

执行情况：为了研究羔羊早期培育营养调控技术，试验在甘南项目试验示范点随机选择了80只公母哺乳期羔羊作为试验羊，补饲分为5组不同的营养水平进行试验。结果表明：合理搭配羔羊代乳料（50g/d~60g/d）+开食料（40g/d~80g/d）+优质粗饲料（200g/d~500g/d）是哺乳期藏绵羊羔羊（15~120日龄）早期补饲培育的有效模式。补饲代乳粉+全价精饲料（开食料）明显好于单一饲料，日增重差异显著，在有效补饲条件下羔羊生长发育迅速，平均日增重可以达到95g/d~150g/d，羔羊成活率达到93.75%。开展藏绵羊哺乳期的最佳补饲途径的研究，结果表明：全价精料日补饲量200g/只~250g/只效果最好，母羊的体重维持稳定略有增加，哺乳羔羊增重明显，明显好于玉米对照组。为了开发放牧肉羊的专用应急饲料，充分利用当地青稞秸、油菜秸和燕麦草等饲料资源优势，筛选了两个应急专用饲料日粮配方，目前正在准备进行冬春季肉羊饲喂试验。结合课题试验研究工作对5名基层技术人员和10名牧民开展了相关的技术培训。发表论文5篇，获得7个新型实用专利授权，申请1个发明专利。

微生态制剂断奶安的研制

课题性质： 公益性行业专项子课题

项目编号： 201303038-4-1　　　**起止年限：** 2013-01—2017-12

资助经费： 46万元

主持人及职称： 蒲万霞 研究员

参　　加　　人： 蒲万霞

执行情况：本年度在上年研究的基础上按照任务书规定任务，继续开展微生态制剂断奶安的质量稳定性研制工作：采用双向电泳及质谱法进行了断奶安发酵前后发酵液蛋白含量测定。结果显示发酵后蛋白含量由0.304μg/μL增加到0.329μg/μL，特有的蛋白种类由68个增加到241个，发酵后参与到细胞各个代谢途径的蛋白种类和数量也较发酵前明显增加。进行了酵母培养条件优化及发酵罐扩大培养试验，结果为2.80×10^{8}cfu/mL。得出发酵罐最佳工艺条件条件：转速200r/min，接种量5%，装液量5L。发表论文3篇。培养研究生1名。

氟苯尼考复方注射剂的研制

课题性质： 公益性行业专项子课题

项目编号： 201303038-4-2　　　**起止年限：** 2013-01—2017-12

资助经费： 45万元

主持人及职称： 李剑勇 研究员

参　　加　　人： 杨亚军　刘希望

执行情况：完成了氟苯尼考复方注射液在猪体内的残留消除规律研究，以及靶动物安全性、人工感染治疗试验和临床扩大治疗试验等。根据残留消除试验结果，氟苯尼考在猪休药期分别为11d，氟尼辛葡甲胺的休药期为11d，因此建议本制剂的休药期为11d。开展了靶动物安全性实验、人工感染治疗试验，以及临床收集病例的治疗实验；实验结果显示，中高剂量的新型复方制剂，对人工感染病理有很好的治疗效果，优于对照的单方制剂。新兽药注册资料正在整理当中。

青蒿素衍生物注射剂的研制

课题性质： 公益性行业专项子课题

项目编号： 201303038-4-23　　　**起止年限：** 2013-01—2017-12

资助经费： 45万元

主持人及职称：李 冰 助理研究员

参 加 人：周绪正 魏小娟 牛建荣 李金善

执行情况：新型蒿甲醚注射液的制备，在新型蒿甲醚注射液的制备过程中制得了10%和8%两种规格的注射油剂，最终选择10%规格；建立新型蒿甲醚注射液的含量测定方法，为该制剂的质量标准的制定和质量评价提供依据，并为其安全可靠的应用于兽医临床提供保障；建立了蒿甲醚注射液中蒿甲醚含量测定的HPLC-MS/MS法。发表SCI 1篇，申请发明专利1项。

牛重大瘟病辩证施治关键技术研究与示范

课题性质：公益性行业专项子课题

项目编号：201403051-06 **起止年限：**2014-01—2018-12

资助经费：159万元

主持人及职称：郑继方 研究员

参 加 人：罗永江 辛蕊华 王贵波 罗超应 李锦宇 谢家声

执行情况：根据本年度的目标任务，归纳整理所采集的防控牛口蹄疫的技术和经验，形成了牛口蹄疫中兽医辩证论治防控小手册。完成了4个组方对小鼠血液生化指标影响试验，四个组方白蛋白和总蛋白均略高于空白对照组，但无显著性差异；组方II、III血清中尿素氮也明显低于其他各组。完成了2个组方的急性毒性试验，均未测出其LD_{50}，均为实际无毒。完成了组方II对牛血液生理生化的影响试验，WBC、RBC、HGB等生理指标均无显著性变化；生化指标ALT、TG 、D-Bil-v、T-bil-v及GLu显著降低。给牛灌服组方II 7d，能显著提高口蹄疫抗体效价，尤其对口蹄疫O型和A型抗体作用最好。组方II对牛免疫细胞因子试验表明，给药后14d，只有药物组的CD4显著高于空白对照组；给药后28d，CD4、IL-2、IL-6、IL-10、IL-12、IFN-γ均显著高于对照组，且CD8、IL-4、IL-18和IFN-α值也高于对照组；给药后58d药物组CD4、IL-2、IL-4、IL-6、IL-12、IL-18显著高于对照组，其余不显著，但值也高于对照组。可以看出，药物组可以显著提高奶牛免疫细胞因子的水平。申报了1项专利。

抗病毒中兽药“贯叶金丝桃散”中试生产及其推广应用研究

课题性质：农业科技成果转化资金计划

项目编号：2014GB2G100139 **起止年限：**2014-8—2016-7

资助经费：60.00万元

主持人及职称：梁剑平 研究员

参 加 人：郝宝成 郭志廷 刘 宇 尚若锋 王学红 郭文柱 杨 珍

执行情况：完善了贯叶金丝桃散的质量标准研究及质量稳定性研究，主要对贯叶金丝桃散进行了薄层色谱法定性鉴定和HPLC含量测定研究；完成了贯叶金丝桃散对靶动物鸡的安全性研究，通过眼观临床症状、血液生化指标、脏器指数以及组织病理学方面评价了该药物对靶动物的安全性，确定了临床使用贯叶金丝桃散的最大使用剂量，探讨该药物的临床使用安全性；完成了贯叶金丝桃散的中试生产工艺路线研究，并在广东海纳川药业股份有限公司建立了贯叶金丝桃散提取制备中试生产线。发表SCI论文1篇。

藏羊奶牛健康养殖与多联苗的研制及应用

课题性质：甘肃省科技支撑计划项目

项目编号：144NKCA240 **起止年限：**2014-01—2016-12

资助经费：18.00万元

主持人及职称： 李宏胜 研究员

参　　加　　人： 王宏博

执行情况：从甘肃、宁夏回族自治区（以下称宁夏）和陕西部分奶牛场采集的临床型乳房炎和子宫内膜炎样品 198 份，进行了病原菌分离鉴定，明确了引起这些地区奶牛乳房炎和子宫内膜炎的主要病原菌区系分布。筛选出了无乳链球菌、金黄色葡萄球菌、化脓隐秘杆菌和大肠杆菌 4 株制苗菌株，通过对不同抗原配比的多联苗小鼠免疫后抗体水平测定，确定了多联苗的最佳抗原配比。制备了不同佐剂的四种多联苗，通过小鼠免疫后抗体测定及人工抗感染试验，筛选出了最佳的免疫佐剂（双佐剂）。用制备的双佐剂多联苗在奶牛上进行临床免疫试验，结果表明，该多联苗免疫后 45d 抗体水平达到最高。该疫苗可降低奶牛乳房炎发病率 65.7%、子宫内膜炎发病率 51.6%。开展了藏羊毛用性能、生长发育规律、补饲育肥对藏羊生产性能及屠宰性能影响、欧拉型藏羊羔羊生长曲线和生长发育模型研究，结果表明甘南藏羊其毛纤维类型为粗羊毛，只能作为一般地毯毛用；甘南藏羊的初生重普遍较低，可能是导致甘南藏羊羔羊早期死亡的原因之一；在青藏高原藏羊羔羊的夏季补饲是必要的，不仅可以提高其育肥效果，而且对减轻青藏高原草原超载，对促进牲畜的适时出栏具有一定的指导作用。授权专利 17 项，其中发明专利 1 项，实用新型专利 16 项，发表文章 5 篇。

牛羊肉中 4 种雌激素残留检测技术的研究

课题性质： 甘肃省自然基金

项目编号： 145RJZA050　　　　**起止年限：** 2014-01—2016-12

资助经费： 3.00 万元

主持人及职称： 李维红 助理研究员

参　　加　　人： 杜天庆

执行情况：分别采集了兰州城关区、兰州七里河区、临夏市：、靖远县、河西地区武威凉州区、张掖甘州区羊肉和牛肉样品共计 125 份样品，样品均在密封袋中密封保存，-20℃冰箱中储存备用。通过已经筛选好的样品前处理方法和 HPLC 条件测定每份供试样品中的雌二醇、戊酸雌二醇、己烯雌酚、苯甲酸雌二醇等 4 种雌激素残留量。经过反复试验，拟定了 4 种雌激素残留方法标准草案。将填补牛羊肉中 4 种雌激素检测方法的空白，为牛羊肉的市场监测提供可靠的依据；发表了 2 篇论文，获批了实用新型专利 3 项。

青藏高原藏羊 EPAS1 基因低氧适应性遗传机理研究

课题性质： 甘肃省自然基金

项目编号： 145RJZA061　　　　**起止年限：** 2014-01—2016-12

资助经费： 3.00 万元

主持人及职称： 刘建斌 副研究员

参　　加　　人： 岳耀静　郭婷婷

执行情况：研究发现在高海拔环境中，藏羊血红蛋白有所升高，但差别不明显，其丰度升高，可能是其高寒低氧适应的重要遗传基础之一；藏羊 EPAS1 基因均含有完整的编码区（CDS）序列和一个长度为 2 471bp 的开放阅读框，编码 823 个氨基酸。在藏羊 EPAS1 基因中检测到 6 个特异性的单核苷酸多态性位点，这 6 个 SNP 位点具有 AA、AB、AC、BC、CD 5 种基因型。生活在海拔 3 500m 以上地区藏羊 CD 基因型频率显著高于生活在海平面以下 67m 湖羊（$P<0.05$）。通过比较霍巴藏羊、阿旺藏羊、祁连白藏羊、甘加藏羊中各基因型个体的血常规指标，发现 CD 基因型个体的血红蛋白浓度显著高于其他基因型个体（$P<0.05$），推测 CD 基因型的藏羊可能更适应高原低氧环境。Real-time PCR 技术对青藏高原藏羊和低海拔湖羊各组织中的 EPAS1 基因 mRNA 的表达量定

量分析表明，EPAS1 基因 mRNA 在所藏羊和湖羊的各组织中均有表达，且在青藏高原藏羊肺和肝中的表达量极显著高于低海拔湖羊（$P<0.01$）。说明藏羊适应低氧环境的生理调节主要发生在肺、肝和脾脏中。发表 SCI 论文 3 篇。

N-乙酰半胱氨酸对奶牛乳房炎无乳链球菌红霉素敏感性的调节作用

课题性质：甘肃省青年基金

项目编号：145RJYA311　　　　**起止年限：**2014-01—2016-12

资助经费：2.00 万元

主持人及职称：杨　峰 助理研究员

参　加　人：张世栋　李宏胜

执行情况：通过多重 PCR 方法对 2015 年度新分离鉴定的奶牛乳房炎无乳链球菌进行了血清型分型鉴定，同时采用药敏纸片法对这些菌进行了常用抗生素的耐药性实验。采用试剂盒提取无乳链球菌 DNA，首次将抗氧化剂 N-乙酰半胱氨酸引入奶牛乳房炎无乳链球菌的红霉素敏感性试验当中，发现在 NAC 作用下，红霉素对奶牛乳房炎无乳链球菌最低抑菌浓度会增大，但 NAC 对无乳链球菌耐红霉素敏感性的调节与红霉素耐药基因 ermA 和 ermB 无关。发表论文 1 篇。

黄花矶松抗逆基因的筛选及功能的初步研究

课题性质：甘肃省青年基金

项目编号：145RJYA310　　　　**起止年限：**2014-01—2016-12

资助经费：2.00 万元

主持人及职称：贺洞杰 助理研究员

参　加　人：路　远

执行情况：构建 2 个黄花矶松中与寒旱盐胁迫相关的抗逆基因 cDNA 文库 V1 和 V2。V1 是普通野生黄花矶松正常型文库，V2 是普通黄花矶松干旱处理文库；对所获得的抗逆基因进行分析，得到差异显著表达的基因为 2 722个，其中的 1 740个基因上调，982 个下调；分析得到抗逆基因在转录和翻译水平响应胁迫的表达调节趋势，构建 10 个基因的表达载体并使其在拟南芥中高效表达，鉴定转基因拟南芥的干旱相关性状。从基因描述、GO 注释及 KEGG 路径上来看，这些基因涉及 MYB 转录因子、CBF 转录因子及表达蛋白。授权实用新型专利 5 项，发表论文 2 篇。

针刺镇痛对犬脑内 Jun 蛋白表达的影响研究

课题性质：甘肃省青年基金

项目编号：145RJYA267　　　　**起止年限：**2014-01—2016-12

资助经费：2.00 万元

主持人及职称：王贵波 助理研究员

参　加　人：李锦宇

执行情况：为了研究电针镇痛对犬中枢 Jun 蛋白表达的影响，从而确定哪些镇痛核团被激活，本试验采用 36Hz 的电针频率先诱导刺激犬的“百汇”和“寰枢”组穴 5min，电针 55min 后停针，通过测定犬的痛阈值以确定镇痛效果。实验结果表明电针 15min 时电针组与对照组的痛阈值差异极显著，25min、45min 和 65min 时组间差异显著，且试验各观测点电针组痛阈变化率均高于对照组。对照组 LC、Gi 没有 jun 阳性神经元；电针组 PVN、PAG、LC、Gi、RMg 内的 jun 阳性细胞数量与对照组相比差异极显著，ARC 和下丘脑腹内侧核（VMH）内 jun 表达不显著。结果显示，36Hz 电针刺激犬“百汇”和“寰枢”组穴，除 ARC 和 VMH 外，PVN、PAG、LC、Gi、RMg 均参与了针刺镇痛的作用。发表论文 3 篇。

紫花苜蓿航天诱变材料遗传变异研究

课题性质： 甘肃省青年基金

项目编号： 145RJYA273　　**起止年限：** 2014-01—2016-12

资助经费： 2.00 万元

主持人及职称： 杨红善 助理研究员

参　加　人： 周学辉

执行情况：航苜 1 号紫花苜蓿新品系，搭载后第一代（SP1）与搭载前（CK）相比基因组 DNA 扩增出不同的差异带，在 DNA 水平上产生了变异，并且在 SP2、SP3、SP4 代中稳定遗传。以航苜 1 号紫花苜蓿为试验组，三得利紫花苜蓿为对照组，重复 3 次，开展 6 个样品的 RNA 转录组测序试验。试验完成 6 个样品的转录组测序，共获得 38.89Gb Clean Data，各样品 Clean Data 均达到 6.29Gb，Q30 碱基百分比在 91.16%及以上。De novo 组装后共获得 95 259条 Unigene，其中长度在 1kb 以上的 Unigene 有 18，131 条。进行基于 Unigene 库的基因结构分析，其中 SSR 分析共获得 7 432个 SSR 标记。同时还进行了差异功能基因筛选，对照组与试验组相比共计筛选出 239 个差异基因，146 个上调基因和 93 个下调基因。发表论文 3 篇，授权实用新型专利 2 项。

抗寒紫花苜蓿新品种的基因工程育种及应用

课题性质： 甘肃省农业生物技术研究与应用开发

项目编号： GNSW-2014-18　　**起止年限：** 2014-01—2016-12

资助经费： 10.00 万元

主持人及职称： 贺洞杰 助理研究员

参　加　人： 胡　宇　朱新强

执行情况：筛选拟南芥 AtCBF 家族，克隆全长基因和 CDS 功能区，获取质粒。采用 Gateway 技术构建 AtCBF3 真核和原核表达载体。包括 YFP 荧光载体。采用农杆菌侵染方法转导 AtCBF3 基因于中兰 2 号紫花苜蓿。筛选抗寒性具有明显提高的转基因植株。并采用 Real time PCR 对其在转录水平进行抗寒性分析。提取转基因植株的总 RNA，扩增其转导的 AtCBF3 基因，采用 Gateway 技术构建原核表达载体，诱导纯化相应蛋白，从翻译水平进行抗寒性分析。使用 confoncal 荧光显微镜测定转导基因在紫花苜蓿中的定位。获得甘肃省科技进步二等奖 1 项，授权实用新型专利 13 项，发表论文 2 篇。

分子标记在多叶型紫花苜蓿研究中的应用

课题性质： 甘肃省农业生物技术研究与应用开发

项目编号： GNSW-2014-19　　**起止年限：** 2014-01—2016-12

资助经费： 10.00 万元

主持人及职称： 杨红善 助理研究员

参　加　人： 周学辉

执行情况：以航苜 1 号紫花苜蓿为试验组，三得利紫花苜蓿为对照组，重复 3 次，开展 6 个样品的 RNA 转录组测序试验。试验完成 6 个样品的转录组测序，共获得 38.89Gb Clean Data，各样品 Clean Data 均达到 6.29Gb，Q30 碱基百分比在 91.16%及以上。De novo 组装后共获得 95 259条 Unigene，其中长度在 1kb 以上的 Unigene 有 18 131条。进行基于 Unigene 库的基因结构分析，其中 SSR 分析共获得 7 432个 SSR 标记。同时还进行了 CDS 预测和 SNP 分析。差异功能基因筛选，将 FDR<

0.01且差异倍数FC（Fold Change）≥2作为筛选标准，对照组与试验组相比共计筛选出239个差异基因，146个上调基因和93个下调基因。对照组与试验组相比，对照组基因表达量为0，而试验组有表达量的基因共有28个。授权实用新型专利2项，发表论文3篇，其中SCI 1篇。

甘肃省隐藏性耐甲氧西林金黄色葡萄球菌分子流行病学研究

课题性质：甘肃省农业生物技术研究与应用开发

项目编号：GNSW-2014-20　　**起止年限：**2014-01—2016-12

资助经费：10.00万元

主持人及职称：蒲万霞 研究员

参　加　人：尚若峰

执行情况：采集甘肃地区7株菌株、上海地区9株菌株，其中均为鉴定出mecA基因阳性且MIC≤2μg/mL的金黄色葡萄球菌，对其进行OS-MRSA鉴定，并进行分子流行病学研究，采用SC-Cmec基因分型、MLST分型、spa分型、PVL毒力检测和mecC基因检测研究，检测结果还在处理中，发表论文1篇，培养研究生1名。

藏羊低氧适应microRNA鉴定及相关靶点创新利用研究

课题性质：甘肃省农业生物技术研究与应用开发

项目编号：GNSW-2014-18　　**起止年限：**2014-01—2016-12

资助经费：10.00万元

主持人及职称：刘建斌 副研究员

参　加　人：岳耀敬　郭婷婷

执行情况：利用Illumina 500测序技术构建藏羊肝脏组织的lncRNA文库，对藏羊适应高寒低氧环境相关lncRNA的进行鉴定及特征分析，完成15个样品的长链非编码测序，共获得187.90Gb Clean Data，各样品Clean Data均达到10Gb，Q30碱基百分比在85%及以上。分别将各样品的Clean Reads与指定的参考基因组进行序列比对，比对效率从80.02%到82.98%不等。基于比对结果，进行可变剪接预测分析、基因结构优化分析以及新基因的发掘，发掘新基因2 728个，其中1 153个得到功能注释。基于比对结果，进行基因表达量分析。根据基因在不同样品中的表达量，识别差异表达基因495个，并对其进行功能注释和富集分析。鉴定得到6 249个lncRNA，差异表达lncRNA共79个。发表SCI论文3篇，申报国家发明专利3项，授权国家发明专利2项。

藏系绵羊社区高效养殖关键技术集成与示范

课题性质：甘肃省农业科技创新项目

项目编号：GNCX-2014-38　　**起止年限：**2014-01—2016-12

资助经费：10.00万元

主持人及职称：王宏博 副研究员

参　加　人：裴　杰

执行情况：通过补饲育肥对藏羊羔羊生产性能及屠宰性能的研究表明，“放牧+补饲”育肥当年羔羊能够产生显著的经济效益，是增加牧民收入的有效手段，因此通过当年育肥可保证当年羔羊出栏。藏区藏羊冷季饲养育肥示范推广研究表明，在冷季进行藏羊的育肥，也是增加牧民增加收入的重要手段。开展了牧民养殖技术的培训10人次。授权实用新型专利3项。

"金英散"研制与示范应用

课题性质：甘肃省农业科技创新项目

项目编号：GNCX-2014-39　　**起止年限**：2014-01—2016-12

资助经费：10.00万元

主持人及职称：苗小楼 副研究员

参　加　人：尚小飞　董书伟

执行情况：研制了一种治疗奶牛隐性乳房炎的复方中药制剂，采用薄层色谱法鉴别了金英散中四味药材蒲公英、当归、黄芩、连翘，其结果分离度好，斑点清晰，阴性无干扰，操作简单；采用高效液相色谱测定金英散中蒲公英有效成分咖啡酸和黄芩有效成分黄芩苷的含量，其结果线性关系良好，阴性无干扰，便于操作；制订了金英散的质量标准草案。考察了光、温度、湿度对该制剂的影响试验，结果显示光、湿度、温度对该制剂没有影响；进行了该制剂的加速试验，检测结果显示6个月内，该制剂质量符合质量标准草案。在兰州、青海、白银推广应用治疗奶牛隐性乳房炎2 000多例。在兰州、白银、青海推广应用治疗奶牛隐性乳房炎2 000例，治愈率30%以上，有效率在70%以上，受到养殖户的欢迎和好评。

甘肃省全国牧草新品种区域试验研究

课题性质：甘肃省农牧厅项目

项目编号：　　**起止年限**：2013-01—2017-12

资助经费：15.00万元

主持人及职称：路　远 助理研究员

参　加　人：时永杰　田福平　胡　宇

执行情况："陇中黄花矶松"于2014年3月经甘肃省草品种审定委员会审定，登记为观赏草"野生栽培"品种，2014年4月，经全国草品种审定委员会评审同意，作为特殊参试品种自行开展国家草品种区域试验。区域试验选择甘肃兰州（黄土高原半干旱区）、甘肃天水甘谷（黄土高原半湿润区）、甘肃张掖（河西走廊荒漠绿洲区）、甘肃民勤（河西走廊荒漠绿洲区）4个试验点开展，通过区域试验，客观、公正、科学地评价陇中黄花矶松品种的适应性、观赏性、抗性及其利用价值，为国家观赏草品种审定提供依据。结果表明：黄花矶松具有抗旱、耐瘠、耐粗放管理的特点，其生育期为7月中旬初花，8月中旬盛花，绿色期为210d，观赏期为142d左右；其观赏性状从叶色、叶形、花色、花序美感及株形等几个方面综合评价为良；表现出极强的抗逆性，其抗逆性强于二色补血草和耳叶补血草。申报发明专利1项，授权实用新型专利11项，发表论文4篇。

新兽药"益蒲灌注液"的产业化和应用推广

课题性质：兰州市科技计划

项目编号：2014-2-26　　**起止年限**：2014-01—2016-12

资助经费：10.00万元

主持人及职称：苗小楼 副研究员

参　加　人：潘　虎　尚小飞

执行情况：生产"益蒲灌注液"100万mL，经检测符合质量标准。建立灌注液中试生产线一条，培养了灌注剂生产技术人员5名，为以后该类制剂的中试提供了中试平台。在甘肃、青海、宁夏地区奶牛场收治患奶牛子宫内膜炎病牛2 000头，治愈率在85%以上，三个情期受胎率在95%以上，受到养殖户的好评和欢迎；在白银平川区建立奶牛子宫内膜炎防治技术示范点1个，在现场举办奶牛子宫内膜炎综合防治措施培训班1期，培训学员50人。获得甘肃省农牧厅渔业丰收一等奖

1 项，获得兰州市科技进步二等奖 1 项。

猪肺炎药物新制剂（呼康）合作开发

课题性质：横向合作

项目编号： **起止年限：**2013-03—2016-03

资助经费：50.00 万元

主持人及职称：李剑勇 研究员

参　加　人：杨亚军　刘希望

执行情况：完成了氟苯尼考复方注射液在猪体内的残留消除规律研究，以及靶动物安全性、人工感染治疗试验和临床扩大治疗试验等。根据残留消除试验结果，猪的氟苯尼考休药期为 11d，氟尼辛葡甲胺的休药期为 11d，因此建议本制剂的休药期为 11d。开展了靶动物安全性实验、人工感染治疗试验，以及临床收集病例的治疗实验；实验结果显示，中高剂量的新型复方制剂，对人工感染病理有很好的治疗效果，优于对照的单方制剂。新兽药注册资料正在整理当中。

“催情促孕灌注液”中药制剂的研制与开发

课题性质：横向合作

项目编号： **起止年限：**2013-01—2016-12

资助经费：40.00 万元

主持人及职称：严作廷 研究员

参　加　人：苗小楼　王东升　董书伟　张世栋

执行情况：根据农业部兽药评审中心意见，对治疗奶牛不发情中药制剂催情促孕灌注液，从药学、药理毒理与临床方面进行了试验和相应材料补充，主要补充了淫羊藿、丹参、红花的薄层鉴别，淫羊藿苷和黄芪甲苷含量测定的方法学研究，第 24 个月的长期稳定性试验，催情促孕灌注液治疗奶牛卵巢静止和持久黄体的临床扩大试验，撰写了新兽药申报补充材料，通过初评进入复核阶段，制备了复核样品。获实用新型专利 2 项。

抗病毒新兽药“金丝桃素”成果

课题性质：横向委托

项目编号： **起止年限：**2013-01—2015-12

资助经费：40.00 万元

主持人及职称：梁剑平 研究员

参　加　人：郭文柱

执行情况：完成了贯叶金丝桃散的质量标准研究和质量标准草案制订工作，建立了贯叶金丝桃散中金丝桃素系统的含量测定和鉴定方法。建立的含量测定和鉴定方法简单易行，专属性强，且重复性较好，可有效地控制贯叶金丝桃散的质量。完成了贯叶金丝桃散对靶动物鸡的临床前安全性试验，通过眼观临床症状、血液生化指标、脏器指数以及组织病理学方面评价了该药物对靶动物的安全性，确定了临床使用贯叶金丝桃散的最大使用剂量，探讨该药物的临床使用安全性。完成了贯叶金丝桃散在温度、湿度、光线的影响下随时间的变化规律，储存条件。该研究探讨了贯叶金丝桃散的质量稳定性，为药品审评、包装、运输及储存提供必要的资料。委托中国农业大学动物医学院，完成了“贯叶金丝桃散对人工感染传染性法氏囊病毒鸡的预防试验”和“贯叶金丝桃散对人工感染传染性法氏囊病毒鸡的治疗试验”。按照三类新兽药的要求，对贯叶金丝桃散相关研究进行整理资料，申报新兽药证书。发表论文 2 篇，其中 SCI 文章 1 篇。

奶牛乳房炎灭活疫苗的研究与开发

课题类别： 横向委托

项目编号： **起止年限：** 2013-12—2017-10

资助经费： 450 万元

主持人及职称： 李宏胜 研究员

参　加　人： 杨　峰　罗金印　李新圃

执行情况：用实验室制备的 3 批奶牛乳房炎多联苗，进行了靶动物安全性试验及家兔疫苗注射后不同时间、注射部位病理观察。开展了奶牛乳房炎多联苗免疫持续期试验，结果表明，奶牛乳房炎多联苗免疫持续期可达 5 个月。开展了奶牛乳房炎多联苗保存期试验，将奶牛乳房炎多联苗保存在 2~8℃，分别取保存 3、6、9、12、15 个月的疫苗，进行物理性状、无菌检验、安全检验和效力检验，结果表明，疫苗各项指标均符合质量标准。考虑到实际销售、运输及使用过程中可能出现其他因素影响，为确保疫苗免疫效果，将疫苗的保存期暂定为：疫苗在 2~8℃保存，有效期 12 个月。进行了 6 批奶牛乳房炎多联苗中试生产，所有批次的疫苗物理性状、安全性、无菌检测试验，结果均合格。通过该项研究建立了奶牛乳房炎多联苗工艺流程，为大规模生产奠定了基础。制定农业行业标准 1 项，取得授权发明专利 1 项，授权实用新型专利 11 项。发表论文 11 篇，其中 SCI 1 篇。

奶牛疾病创新工程

课题类别： 院科技创新工程

项目编号： CAAS-ASTIP-2014-LIHPS **起止年限：** 2015-01—2015-12

资助经费： 260 万元

主持人及职称： 杨志强 研究员

参　加　人： 刘永明　严作廷　李宏胜　王东升　王胜义　罗金印　李新圃　张世栋　杨　峰　董书伟

执行情况：开展了奶牛蹄叶炎和奶牛子宫内膜炎致病机制相关蛋白组学研究及白虎汤干预下家兔气分证证候相关蛋白互作机制研究。进行了治疗犊牛腹泻、奶牛卵巢静止、持久黄体、子宫内膜炎中兽药的研究，开展了预防奶牛营养缺乏症营养添砖和缓释剂的研究。研制出“丹翘灌注液”“乌锦颗粒”和“肺炎合剂”等中兽药 3 个，奶牛专用营养舔砖 3 个。进行了奶牛乳房炎流行病学调查、主要病原菌血清型分型分布及耐药基因研究，进行了奶牛乳房炎多联苗的研制及应用。立项 5 项，其中国家自然科学青年基金项目 1 项，甘肃省科技支撑计划 2 项，甘肃省自然基金项目 2 项。申报发明专利 11 项，获得授权发明专利 3 项，实用新型专利 23 项；发表论文 26 篇（其中 SCI 论文 5 篇）。出版著作 2 部；制定并颁布行业标准“奶牛隐性乳房炎快速诊断技术”。1 人被中国畜牧兽医学会评为优秀牛病科研工作者；培养研究生 3 名，培养骨干专家 1 人。

牦牛资源与育种创新工程

课题类别： 院科技创新工程

项目编号： CAAS-ASTIP-2014-LIHPS **起止年限：** 2015-01—2015-12

资助经费： 270 万元

主持人及职称： 阎　萍 研究员

参　加　人： 梁春年 郭　宪　包鹏甲　裴　杰　丁学智　王宏博

执行情况：无角牦牛新品种选育：2015 年新建档案表 500 余份，新建无角牦牛核心群 2 群共 370 头，育成牛群 4 群共 640 头，扩繁群 8 群共 1 505头，无角牦牛群体数量已达到 2 515头。2015 年出生无角犊牛 820 头，其中公牛犊 402 头，母牛犊 418 头，并对犊牛的初生体重、体尺进行了测定。牦牛毛囊发育研究：无角牦牛组织切片观察的研究；胚胎期牦牛角部组织差异表达基因的筛选，发现3个基因在有角及无角牦牛角部组织或相应位置皮肤组织的表达量达到差异极显著，发现8个 lncRNA 与角性状形成有关系。牦牛高寒低氧适应性研究，通过牦牛与黄牛间 ortholog 基因的 Ka/Ks 计算，找到了85个牦牛特异的正选择基因，其中包含了与缺氧诱导因子 HIF-1a 相关的三个基因。通过藏羚羊与美国鼠兔的比较，同样鉴定出了七个与高原适应性有关的正选择基因；代乳料对甘南牦牛犊牛生长发育及母牦牛繁殖性能的影响：表明母牦牛带犊，影响采食，对体能恢复影响较大，而且还影响当年发情受配和来年产犊。甘南牦牛犊牛代乳料饲喂试验，对降低饲养成本，减少其对母乳的消耗，对母牛的体况恢复及缩短其产犊周期有着积极的促进作用，牦牛相关功能基因的研究：进行了牦牛乳铁蛋白研究、牦牛脂肪分化相关 miRNA 及其靶基因的预测及其表达分析研究及牦牛繁殖力相关基因的克隆、表达分析及调控 miRNA 分析研究。发表论文28篇，编著著作1部，授权实用新型专利64项，制定农业行业标准2项。派出1人到英国皇家兽医学院进行为期半年的交流与合作，派出7人次进行短期学术交流。

兽用化学药物创新工程

课题类别：院科技创新工程

项目编号：CAAS-ASTIP-2014-LIHPS　　**起止年限**：2015-01—2015-12

资助经费：130万元

主持人及职称：李剑勇 研究员

参　加　人：杨亚军　刘希望　李世宏　孔晓军　秦　哲

执行情况：根据任务书，兽用化学药物创新团队开展了兽用化学药物研制相关的基础研究和应用研究，顺利实施了承担的各项任务，取得了一系列科技成果，圆满完成了既定的科研任务。阿司匹林丁香酚酯（AEE）的抗高血脂、抗血栓活性及作用机理研究，通过诱导大鼠高血脂模型及血栓模型，考察了 AEE 抗高血脂、抗血栓生物活性；完成复方药物新制剂“呼康”的残留研究及临床扩大研究；抗炎新制剂双氯芬酸钠的药理及临床研究，开展了非甾体抗炎药物双氯芬酸钠注射剂的刺激性试验、靶动物安全性研究、药代动力学研究和生物等效性研究；开展了防治畜禽呼吸道感染复方中兽药新制剂“银翘蓝芩”的质量标准研究；合成了不同位置取代的查尔酮-噻唑酰胺杂交分子12个，合成的化合物结构通过了核磁共振氢谱、碳谱及高分辨率质谱确证，考察了目标产物的厌氧菌艰难梭菌的体外抑菌活性；开展了基于分子印迹-液质联用技术筛选中药抗病毒有效成分的方法学研究，成功制备了含有模板分子的分子印迹聚合物，其结构通过红外、元素分析、扫描电镜等予以确证。获兰州市技术发明三等奖1项；发表文章6篇，其中 SCI 论文2篇；授权国家发明专利1项，授权实用新型专利13项；团队引进科研人员1名；培养硕士研究生2名；团队首席李剑勇获得国务院政府特殊津贴、入选中国畜牧兽医学会兽医药理与毒理学分会副秘书长；3名团队成员赴瑞士和荷兰合作交流，1名团队成员到肯尼亚国际家畜研究所开展了为期3月的访问学习工作。

兽用天然药物创新工程

课题类别：院科技创新工程

项目编号：CAAS-ASTIP-2014-LIHPS　　**起止年限**：2015-01—2015-12

资助经费：200万元

主持人及职称：梁剑平 研究员

参　加　人：尚若峰　蒲万霞　王学红　刘　宇　郭志廷　郭文柱　郝宝成　王　玲

执行情况：将合成的50余种目标化合物经体外对耐药的金黄色葡萄球菌和表皮球菌、大肠杆菌、无乳链球菌等进行了最小抑菌浓度测定。结果表明，上述合成的截短侧耳素衍生物多数具有中等的抑菌活性。其中 4 个化合物有较强的抑菌活性，其抑菌活性优于或相当于延胡索酸泰妙菌素。完成了苦豆草总碱灌注液长期毒性试验、抗炎实验和靶动物临床实验，目前正在整理完善申报新兽药材料。完成了家畜疯草中毒病复方治疗水剂的刺激性及过敏性试验、靶动物临床实验，新兽药申报材料正在整理完善中。完成了断奶安稳定性研究和亚慢性毒性试验，结果表明于试验第 21d 和 31d，给药组与对照组的心脏、肝脏、脾脏、肺脏和肾脏组织石蜡切片染色镜检观察，各组织均未见明显病理变化。获授权国家实用新型专利 28 项，发表文章 21 篇，其中 SCI 文章 5 篇，出版著作 1 部；获得 2015 年甘肃科学技术发明三等奖 1 项，获得第九届大北农科技成果二等奖 1 项；培养硕士研究生 3 名；团队 5 人赴苏丹交流访问。

兽药创新与安全评价创新工程

课题类别：院科技创新工程

项目编号：CAAS-ASTIP-2015-LIHPS　　**起止年限**：2015-01—2015-12

资助经费：190 万元

主持人及职称：张继瑜 研究员

参　加　人：周绪正　潘　虎　程富胜　魏小娟　李　冰　尚小飞　苗晓楼

执行情况：对肠道福氏志贺菌的多药耐药性机理展开研究，已阐明核酸突变机理和 2 个膜蛋白控制途径的筛选工作，在转录组变化基础上筛选出了相关上调和下调基因。承担国家科技基础性工作。通过资料查询与重点走访等方式，对东北区传统中兽医文献资源、经方验方、传统针灸技术资源、传统诊疗技术、中兽药传统炮制技术、中兽药栽培技术、濒危中兽药等进行摸底调查，为全面开展东北区传统中兽医药资源的搜集工作做了充分的准备。完成了五氯柳胺制剂制备工艺研究；开展了五氯柳胺混悬剂质量评价，完成了该制剂在大鼠体内的急性毒性实验；制备了蒿甲醚注射液（油剂），进行制备工艺研究，确定了最佳制备工艺；完成了伊维菌素微乳残留研究；采用薄层色谱法鉴别了金英散中四味药材的鉴别。在兰州市榆中县恒丰养殖场开展药物饲料添加剂-止泻散预防断奶仔猪腹泻及对仔猪增重率和料肉比影响的临床实验；开展止泻口服液防治仔猪腹泻的临床实验，并对治疗前后猪粪便中微生物检出率及寄生虫检出率进行研究；开展止泻散和止泻口服液药物质量标准的研究，准备申报新兽药临床试验批件。建立动物包虫病综合防控技术规范 1 个，并入选农业部年度主推 100 项轻简化技术，在牧区广泛推广应用；在屠宰场、养殖基地调查牛羊包虫病及家牧犬绦虫病的感染情况，举办培训班 3 次，制作包虫病防治宣传画及综合防治手册（汉语、藏语），培训农牧民 450 人次，投放驱虫药物 6 万头次。获得中华农业科技奖二等奖（第三完成单位）1 项，兰州市科技进步二等奖 1 项，甘肃省农牧渔业丰收奖一等奖 1 项；授权发明专利 2 项，授权实用新型专利 24 项；发表论文 16 篇，其中 SCI 收录 3 篇；主编著作 2 部；培养博士后 1 人，培养硕士研究生 3 名。有 5 人次赴美国食品药品监督管理局兽药中心进行交流与访问。

中兽医与临床创新工程

课题类别：院科技创新工程

项目编号：CAAS-ASTIP-2015-LIHPS　　**起止年限**：2015-01—2015-12

资助经费：270 万元

主持人及职称：李建喜 研究员

参　加　人：郑继方　罗超应　罗永江　王旭荣　张景艳　张　凯　王　磊　辛蕊华　王贵波

执行情况：本年度团队在研课题共 23 项，到位科研经费 689 万元，各项目实施顺利、进展良好，已全部完成了2015年各项目的任务指标。本年度完成了国家科技基础性工作专项项目2015年各地的走访和调查工作，考证了安徽、福建等地的中兽医学历史人物（喻本元、喻本亨等）及相关的中兽医药典籍和器械收集工作，进一步完善了中兽医药标本馆及资源数据库网络平台，网站获得了国家软件著作权证书。本年度在建设“甘肃省中兽药工程技术研究中心”和“中国农业科学院临床兽医学研究中心”的基础上，团队积极组织材料，向院、部提交了“十三五”期间基础平台建设建议书。团队有10人次先后出访泰国清迈大学、俄罗斯毛皮动物研究所、荷兰、西班牙、美国进行人才交流和科技合作；团队1人赴肯尼亚开展国际合作交流，参加了为期3个月的培训。获得新兽药证书2项；授权发明专利5项，实用新型专利6项；发表文章28篇，其中SCI文章4篇，中文核心15篇，其他文章9篇；编写著作5部；培养硕士研究生3人。

细毛羊资源与育种创新工程

课题类别：院科技创新工程

项目编号：CAAS-ASTIP-2015-LIHPS　　**起止年限：**2015-01—2015-12

资助经费：200万元

主持人及职称：杨博辉 研究员

参　加　人：孙晓萍　冯瑞林　郭　健　刘建斌　岳耀敬　郭婷婷　袁　超

执行情况：细毛羊资源与育种创新团队顺利完成细毛羊新品种“高山美利奴羊”的选育与审定；开展了多胎肉用美利奴羊和多胎藏羊新品种（系）培育；吸纳地方研究院所、技术推广部门7个，选择6个专业合作社、15个家庭牧场、3个企业、4个养殖大户，示范羊79 730只，集成技术18项，进行草原肥羔生产技术集成模式研究与示范、优质细羊毛生产技术集成模式研究与示范；对高山美利奴羊次级毛囊形态发生诱导期转录组进行差异表达分析；基于CRISPR-Cas9研究XLOC005698 lncRNA在绵羊次级毛囊形态发生中对oar-miR-3955-5p的调控机制进行初步研究；并对藏羊高原适应性分子机制和不同尾型绵羊尾椎差异蛋白进行研究分析；构建分子育种数据库平台，已收录毛囊单细胞转录组、皮肤转录组、心脏转录组、肺脏转录组、绵羊SNP芯片、重测序和绵羊肺脏、心脏甲基化测序等分子育种相关数据超过500Gb。审定新品种1个；建立试验基地5个，示范点（区）11个；培养技术骨干4名，培养博士2名、硕士13名；在甘肃、新疆、四川等省/区举办培训班22次，培训岗位人才252人次，技术人员1 387名，培训农民人960次，合计2 599人次；制定国家标准6项，采用国家标准1项；申请专利64项，授权发明专利3项，实用新型专利40项；在国内发表论文54篇，在国际上发表论文9篇；获省部级奖励1项，鉴定成果1项。

寒生、旱生灌草新品种选育创新工程

课题类别：院科技创新工程

项目编号：CAAS-ASTIP-2015-LIHPS　　**起止年限：**2015-01—2015-12

资助经费：240万元

主持人及职称：田福平 副研究员

参　加　人：时永杰　李锦华　王晓力　路　远　张　茜　周学辉　王春梅　胡　宇
贺洞杰　朱新强

执行情况：完成了耐旱丰产苜蓿“中兰2号”新品种的国家区试工作，开展种子繁育；对耐寒“杂花苜蓿”新品系的抗寒、抗旱性进行综合评定；选育燕麦新品系2个，并开始加代繁育；引种驯化苦苣菜并进行区域试验及农艺性状观察和稳定性测定。完成了狼尾草在盐渍土区的栽培试验及生产性能评价；开展了黄花补血草国家区域实验；在沙拐枣中筛选出变异最为丰富的具有抗逆功能的 3 个核基因片段-Myb、Pgi 和 HemA，进行扩增纯化、序列测定，分析了不同基因片段的功能。针对优质野生牧草野大麦抗盐光合响应机理研究；筛选抗寒性具有明显提高的转基因植株；对"航苜 2 号"苜蓿新品系的第三代选育继续进行研究，评价与测试了其多叶率、产草量等指标及遗传稳定性。针对黄土高原及高寒牧区优势牧草匮乏的问题，重点筛选了抗旱性强的 6 种苜蓿种质资源。继续开展了适宜于黄土高原和高寒地区栽培的燕麦、草木樨、高粱、山黧豆、箭舌豌豆及毛苕子等优异资源的杂交父母本选育，同时开展寒区、旱区退化草地恢复治理、植被碳储量及环境建设研究。本年度整理整合寒生、旱生灌草基因资源 900 份，发掘具有优异抗逆和品质特性的育种材料 12 份；培育优质寒生、旱生灌草植物新品系 2 个，2 个省级新品种参加国家区域试验。申报专利 40 个，其中发明专利 3 个，整理整合灌草资源 250 份，评价鉴定寒生、旱生灌草优异资源 140 份；引种 6 种优异野生资源，筛选抗寒优异功能基因 1 个；出版专著 3 部，发表论文 15 篇，其中 SCI 论文 4 篇。

三、结题科研项目情况

耐盐牧草野大麦拒 Na^+ 机制研究

课题类别： 国家自然科学基金青年基金

项目编号： 31201841　　　　**起止年限：** 2013-1-2015-12

资助经费： 24.00 万元

主持人及职称： 王春梅 助理研究员

参　加　人： 王晓力　朱新强　张　茜　张怀山　李锦华　杨　晓　路　远

摘要： 由于生长周期和研究背景等因素，目前对禾谷类作物亲缘关系较近的盐生植物的耐盐机制研究较少。野大麦是盐生植物中少数与小麦亲缘关系较近的禾本科野生牧草，具有较强的耐盐能力，但其主要的耐盐生理机制一直存在争议。拒盐、泌盐、根系外排、叶片积盐都被认为是其可能的耐盐机制。本项目根据调研，选择拒盐作为其耐盐机理研究的突破口。根据项目任务书，首先选定了 100mM NaCl 和 4 叶期作为野大麦盐胁迫处理的适宜浓度和苗龄。生物量实验发现，50mM NaCl 对野大麦地上部生长具有一定的促进作用，但对其根系没有显著影响；且盐胁迫下野大麦比小麦具有更强的根系活力。0~7d 的离子积累实验（100m*M* NaCl）表明，随着胁迫时间的增加，野大麦地上部积累了大量的 Na^+，其浓度显著高于小麦，这与预想的野大麦为拒 Na 吸 K 的耐盐机理完全相反。于是进行了低浓度（25，50m*M* NaCl）下的验证，结果类似；且即使增加培养系统中 K^+浓度对其组织的 Na^+、K^+浓度也无显著影响。说明短时间盐胁迫下野大麦倾向于向地上部积累较多的 Na^+而非 K^+来进行盐胁迫适应。之后延长处理时间（0~60d）以寻找 Na^+浓度的峰值及出现时间；发现野大麦地上部和根部的 Na^+浓度分别在第 7d 和第 14d 达到峰值，之后逐步下降，至第 60d 最低。随后，利用 NMT 技术测定了活体根系表面的 Na^+、K^+流动情况，发现增大根系 Na^+外排的同时减少 K^+的外流是 Na^+浓度到达峰值后随时间的下降的主要原因；同时确定了 Na^+外排为野大麦长时间胁迫下的关键耐盐机制。最后通过洗叶实验排除了泌盐作为野大麦耐盐的主要策略。以上研究结果基本确定了野大麦的耐盐生理机理：短时间盐胁迫下，野大麦主要通过地上部的 Na^+快速积累来进行盐胁迫的快速响应；之后随着胁迫的延长，主要通过根系不断增大对 Na^+的外排来降低植株体内 Na^+浓度；同时减少 K^+的外流，以达到对盐胁迫的适应；并构建了对应的离子运输模型。野大麦阶段性耐盐机理的阐明还有助于回答为什么前辈学者们对其耐盐机理存在拒 Na^+、根系外排 Na^+、液泡聚 Na^+等几种机制的解释；在研究植物耐盐机理的处理时间上提供了重要的参考。发表 SCI 论文 2 篇，中文期刊 8 篇，获得发明专利 1 项，实用新型专利 4 项。

奶牛产业技术体系-疾病控制研究室

课题类别：农业部现代农业体系

项目编号：CARS-37-06　　**起止年限：**2011-01—2015-12

资助经费：350.00万元

主持人及职称：杨志强 研究员

参　加　人：李建喜　孟嘉仁　王旭荣　张景艳　张　凯　王学智

摘要：2011—2015年上与首席科学家、下与功能室成员每年签定工作任务书。体系重点任务：将奶牛乳房炎和子宫内膜炎等主要普通病的防控技术进行集成并在兰州试验站、西安试验站、宁夏试验站进行示范推广，编写了主要普通病的防治技术规范；功能室重点任务：按照新兽药申报要求，完成了防治奶牛隐性乳房炎的新兽药“乳宁散”的毒理学实验、药效学实验、药理学实验，以及临床试验、扩大临床试验和临床验证试验，制定了质量标准，撰写了新兽药申报材料；按照新兽药申报要求，按照新兽药申报要求，完成了奶牛胎衣不下中兽药“宫衣净酊”的的毒理学实验、药效学实验、药理学实验，以及临床试验、扩大临床试验和临床验证试验，制定了质量标准，开展了防治奶牛子宫内膜炎植物精油的研究与应用；基础性工作：开展了本研究领域奶牛产业技术国内外研究进展、省部级科技项目、从业人员、仪器设备、国外研发机构数据调查；奶牛乳房炎病原菌数据采集，建立了网络版奶牛体系疾病控制数据共享平台数据库；前瞻性研究：优化建立了卵泡颗粒细胞的体外分离、培养及鉴定的方法；优化建立了奶牛乳腺细胞的原代培养和鉴定工作；完成了奶牛乳房炎疫苗的田间评价试验；完成了子宫内膜炎病原菌的流行病学调查；培训工作：每年至少开展1~2次的大型培训，为奶牛产业的发展起到了积极的促进和推动作用；日常工作：按时完成了体系网上管理系统中要求的工作日志填写和经费上报等工作；应急性工作：每年均完成牛场的科技服务应急性处理以及各种应急性材料的上报；培养博士2名，硕士3名；在读硕士研究生2名，培养在读博士生1名。

肉牛牦牛产业技术体系—牦牛选育

课题类别：农业部现代农业体系

项目编号：CARS-37-06　　**起止年限：**2011-01—2015-12

资助经费：350.00万元

主持人及职称：阎　萍 研究员

参　加　人：郭　宪　包鹏甲　裴　杰　褚　敏　朱新书

摘要：立足青藏高原，以牦牛遗传资源为基础，以促进牦牛产业健康持续发展为目标，紧密跟踪牦牛产业动态，大力推广牦牛良种及繁育技术体系。从计划任务实施到岗站任务对接，从产业调研到技术服务，从技术研发到示范推广，紧密围绕岗位“十二五”期间计划任务，重点开展牦牛选育技术研发及技术示范推广工作，测定牦牛生产性能，制订选育计划，并积极开展技术服务与培训，同时加强技术需求调研与数据库建设工作。全面完成了牦牛选育岗位“十二五”期间工作任务。

体系重点任务：完成了甘肃、青海、宁夏三省区肉牛主要杂交群体遗传背景评估，撰写甘青宁肉牛主导品种及主要杂交群体调研报告3份，形成区域内肉牛主导品种及主要杂交群体分布图谱，提出了甘青宁后续种群改良方案各1套。对甘青宁主要杂交组合后代DNA进行了鉴定，完成了甘青宁西杂牛ACLY、ANGPTL6基因，南杂牛GDF10基因的克隆测序，并与体尺性状进行关联分析。提出了适合甘青宁三省的优选经济杂交配套模式1套，其中西门塔尔♂×当地黄牛♀为甘青宁主要杂交组合模式，安格斯♂×当地黄牛♀、南德温♂×当地黄牛♀为次要杂交组合模式。

研究室重点任务：进行了肉牛遗传改良与选育核心技术研究与应用研究，完成了1 500头种子母牛、230 头种公牛的性能测定，提出了大通牦牛后续种群选育方案一套；完成了 552 头种子母牛、57 头种公牛的性能评价，确定了甘南牦牛选育的肉用性状参数。进行了国家肉牛遗传改良计划与实施方案制定工作，参与制定了《全国肉牛遗传改良计划（2011—2025 年）》；农业行业标准《牦牛生产性能测定技术规范》（NY/T 2766—2015）、《甘南牦牛》（NY/T 2829—2015）颁布实施；研发新技术 3 项（牦牛良种繁育及改良技术、牦牛一年一产技术、无角牦牛培育技术），新工艺 2 个（牦牛乳活性物质乳铁蛋白的分离与提取工艺、牦牛冷冻精液生产工艺）。

基础性工作：进行产业技术中心数据库更新工作：国内外研究进展数据库（牦牛英文文献 308 篇、专利 100 项），省以上立项的科技项目数据库（甘肃省 115 项），国外相关研究单位的概况数据库（加拿大 14 个），全国从事牦牛研发的人员数据库（65 人）。进行遗传育种繁殖研究室数据库更新工作：更新了研究室 3 个数据库，包括国内牦牛育种及繁殖场数据库（220 条记录）；牦牛分子育种数据库（330 条记录）；牦牛遗传资源数据库（14 600余条记录）。

前瞻性工作：开展无角牦牛优势种群扩繁与选育，群体规模达 11 群 2 552头，其中成年母牛 1 505头、成年公牛 159 头、育成牛 888 头；筛选甘南、红原当地牦牛与改良牦牛的生产性能测，测定了 192 头改良后代生产性能，优化牦牛经济杂交模式 2 个；建立常规育种技术和分子标记辅助选择育种技术相结合的牦牛育种技术体系 1 套；克隆鉴定牦牛功能基因，并进行功能鉴定与生物信息学分析；发表论文 95 篇，出版著作 6 部；授权专利 55 项，其中发表专利 5 项。

应急性任务：及时完成了农业部、体系及功能研究室交办的应急性任务，主要完成了技术服务、技术培训、产业调研等任务。组织各类培训 31 场（次），培训技术人员 789 人（次）、农牧民 1 309人（次）。

绒毛用羊产业技术体系—分子育种

课题类别：农业部现代农业体系

项目编号：CARS-40-03　　　　**起止年限**：2011-01—2015-12

资助经费：350.00 万元

主持人及职称：杨博辉 研究员

参　加　人：岳耀敬　牛春娥　孙晓萍

摘要：“十二五”期间围绕岗位任务要求完成了常规育种与标准化生产关键技术和分子育种与基因编辑工作，主要内容有：

完成了高山美利奴羊新品种培育，2009—2015 年，累计培育新品种种羊 67 667只，中试推广新品种种公羊 6 578只，改良当地细毛羊 120.19 万只，新增产值 15 023.52万元，新增利润 1 802.82万元，中试推广表明增产增效明显，新品种综合品质表现突出。

开展了中国肉用美利奴羊（甘肃型）新品种（系）培育，引进布鲁拉美利奴羊冻精 4 418枚，南非肉用美利奴羊 123 只（其中公羊 68 只，母羊 53 只），引进 190 枚布鲁拉美利奴羊胚胎，改良细毛羊约 6.0 万只。

在张掖综合试验站建立高山美利奴羊（超细型）和南×甘 F1 代两个 Genomic Information Nucleus 群，制定及参与制定了国家绒毛用羊产业技术体系《高山美利奴羊选育方案》《中国超细毛羊品种选育方案》《中国肉用美利奴羊选育方案》《地毯毛羊遗传改良计划方案》。与海北州综合试验站联合开展了多胎藏羊新品种（系）选育工作，建立了 90 只多胎藏羊选育群体。首次在 150 只藏羊中检测到多胎藏羊携带 FecB（+B）多胎基因，为开展多胎藏羊分子标记辅助选择育种奠定了基础。

制定了甘肃细毛羊良种登记规范，开展了甘肃优质细毛羊良种登记，建立了以三级繁育体系为载体的甘肃细毛羊与羊毛质量控制标准体系及技术推广体系，在张掖综合实验站、金昌综合示范县实现了羊穿衣全覆盖，累计推广示范羊穿衣等标准化规模技术50万只，显著提高了羊毛品质，推广工牧产地直交、按质论价、现场竞价的羊毛流通模式，连续2年（2011—2012年）甘肃细羊毛价格屡创国毛历史新高，甚至超过澳毛价格，采用标准化规模养殖技术后，新增纯收益为100.3元/只。

开展了家庭牧场细毛羊标准规模化养殖及产业化技术、高山美利奴羊舍饲养殖研究，建立草原肥羔生产集成、优质细羊毛生产两个细毛羊增产增效模式。

为解决现有绒毛用羊品种繁殖率低的问题，主推《羊TIT免疫双胎疫苗》《绵羊体况评分标准与应用》等轻简化技术2项，推广羊TIT免疫双胎疫苗8.5万头份。研制了INH-GnIH表位多肽疫苗、原核表达疫苗和基因疫苗等新型疫苗，建立了促性腺激素抑制激素（GnIH）、抑制素抗体间接ELISA检测技术。完成了细毛羊生产性能测定系统、羊生产管理系统、遗传评估系统软件的联调联试；完成了国内外动物纤维、毛皮、肉、羊品种、鉴定检测标准193项的搜集整理，完成了《高山美利奴羊》标准草案和《一种标准数字可视化细毛羊生产性能测定手册》专利申报；引进ASReml育种软件，建立了基于BLUP技术的综合育种值方程：Index = Ywt×（30+Ysl）×（10+gfw）×35+(4.0+gfw）×（-afd×8.1）和基于HRM的多胎性状分子遗传评估技术，建立了细毛羊多胎性状分子遗传评估技术，累计完成600只高山美利奴羊、150只滩羊、454只湖羊、110只凉山半细毛羊、726只青海细毛羊、48只布鲁拉美利奴、88只南非美利奴羊、126只布×甘F1代共计10个多胎基因位点的检测，制定了选种选配育种方案。2011—2015年向天祝、肃南、永昌、山丹和金塔5个综合示范县推广交流高山美利奴羊核心群特、一级种公羊1 300只。引进布鲁拉美利奴羊胚胎190枚、冻精4 418枚，南非肉用美利奴羊123只（其中公羊68只，母羊53只）。开展了高山美利奴羊次级毛囊形态发生的形态学研究，研究表明Wnt10b、β-catenin、FGF18通过Wnt/β-catenin经典信号通路参与调控高山美利奴（超细）次级毛囊形态发生和再分化过程。P-cadherin参与高山美利奴羊毛囊基板形态发生的调控，并且可以初步断定P-cadherin可以作为细毛羊毛囊基板的标记物。应用链特异RNA-seq技术研究了高山美利奴羊次级毛囊形态发生机制、羊毛纤维直径性状的分子调控机制研究，组装完成了绵羊皮肤denovo转录组，发现多个与羊毛发育相关的基因及通路。开展了基于CRISPR-Cas9研究XLOC005698 lncRNA在绵羊次级毛囊形态发生中对oar-miR-3955-5p的调控机制。通过基因组、甲基化、转录组和miRNA等多个水平研究了藏羊高原适应性，表明在高海拔藏羊心脏和肺脏组织在高原低氧适应过程与其他高原世居动物一致，并不太依赖于器官形态的变化，更重要的是通过对组织器官内细胞代谢的调整和许多抗低氧因子诱导从分子水平上来适应高原低氧环境。藏羊毛色候选基因相关研究表明，某些基因mRNA高表达可能有利于藏羊黑色被毛形成，也可能与白色被毛相关。对五种不同尾型绵羊尾部脂肪组织全蛋白质谱数据进行搜库、定量及生物信息学分析进行定量得到804个差异表达蛋白。对通过Ti4+-IMAC材料富集的五组尾脂磷酸化肽段进行LC-MS/MS分析，，共鉴定到1 558个磷酸化位点分布在748个磷酸化蛋白。KIF31SNP c.166A>G AA基因型羊毛直径（20.12±0.13）显著小于AG基因型（20.79±0.25）、GG基因型（21.05±0.23），之间差异约为0.6734、0.9314μm，因此此位点可作为影响羊毛细度的一个主效基因或调控羊毛性状的基因紧密连锁的分子遗传标记。对HIF-1α、VEGF-A、COX17、EPOR基因多态性与高原适应性进行了相关性分析，初步表明HIF-1α基因的SNP1（gG901A）位点，VEGF-A基因SNP1（g.15020T/A）、SNP2（g.15020T/A）基因型频率和等位基因频率在藏羊群体和湖羊群体中差异显著（P<0.01），可能与藏羊的高原适应性相关。应用绵羊SNP 50K基因芯片完成了以不同类型11个藏羊群体（浪卡子绵羊、江孜绵羊、岗巴绵羊、霍巴绵羊、青海欧拉羊、岷县黑裘皮羊、甘加羊、乔科羊、甘南欧拉羊、多玛绵羊、阿旺绵羊）的SNP扫描工作，聚类分析（包括群体结构分析、系统发生树）、多态性及选择分析和SNP注释工作，以期阐明其迁徙过程，为藏羊分类提供理论依据。完成了中国主要细毛羊品种遗传多样性研

究。建立了基于限制性内切酶-连接酶-内切刻酶-恒温扩增技术的 FecXG 基因分型技术，基于 HRM 技术的进行多胎性状、PrP 基因 SNP 试剂盒，基于荧光定量技术的毛色 Agouti 基因拷贝变异检测试剂盒，制定了检测标准规程。建立了细毛羊多胎性状分子标记辅助选择技术方案，正在建立多胎性状分子标记辅助选择与常规育种相结合的多胎肉用美利奴育种技术平台。审定新品种 1 个；建立试验基地 5 个，示范点（区）11 个；培养技术骨干 4 名，培养博士 2 名、硕士 13 名；在甘肃、新疆、四川等省/市举办培训班 22 次，培训岗位人才 252 人次，技术人员 1 387名，培训农民人 960 次，合计 2 599人次；制定国家标准 6 项，采用国家标准 1 项；申请专利 64 项，授权发明 3 项，实用新型申请专利 40 项；研究报告、论文 24 篇，其中国内发表 54 篇，在国际上发表 9 篇；获省部级奖励 1 项，鉴定成果 1 项。

肉牛牦牛产业技术体系——药物与临床用药

课题类别：农业部现代农业体系

项目编号：CARS-38　　　　**起止年限：**2011-01—2015-12

资助经费：350.00 万元

主持人及职称：张继瑜 研究员

参　加　人：李　冰　牛建荣　魏小娟　刘希望

摘要：“十二五”期间，先后与张掖、中卫、济南、公主岭、伊利、宝鸡等 7 个综合试验站进行对接，围绕体系重点、前瞻性任务和基础工作开展了药物研发、技术示范与推广、产业调研、技术服务与交流、牛肉兽药残留检测、培训及数据库建设等工作，完成了合同规定任务以及上级部门交付的各项应急任务。5 年来，研制肉牛抗呼吸道感染和抗寄生虫新产品 2 个。受体系资助发表文章 111 篇，主编参编著作 7 部。提交技术类文章 19 篇，其中被体系采纳 2 项，被农业部采纳推广轻简化技术 1 项。取得发明专利 8 项，实用新型专利 20 项，在审专利 19 项。提交调研报告 4 篇。获省市各级科技奖励 5 项，撰写日志 810 篇。培训 61 场次，培训技术人员 4 700人次，发放购买、自编培训教材 3 000余套册。参与肉牛牦牛技术体系组织的 7 个数据库建设。与张掖、中卫、济南、公主岭、伊利、宝鸡等综合试验站合作完成研制药物的临床药效、药代动力学、靶动物安全性及残留检测等试验；提供试验基地（合作社）各种疾病发病情况、治疗预防措施、用药情况、消毒情况等连续 3 年调研统计数据 1 000余个。完成 570 份血样、组织样及内脏样品 25 种常用兽药的 14 000个样本的残留检测。培养技术骨干 5 名，培养博士后 1 名、博士 2 名、硕士 12 名。

防治畜禽病原混合感染型疾病的中兽药研制

课题类别：国家科技支撑计划子课题

项目编号：2011BAD34B03-2　　　　**起止年限：**2011-01—2015-12

资助经费：200.00 万元

主持人及职称：郑继方 研究员

参　加　人：辛蕊华　王贵波　谢家声　罗超应　罗永江　李锦宇　李建喜

摘要：针对我国兽医临床实践中的畜禽呼吸道、胃肠炎、腹泻等病毒、细菌混合感染性疫病，在中兽医辨证施治理论和主辅佐使复方配伍原则指导下，开展了传统中兽药复方制剂的研制及其生产工艺的研究。并对相应制剂的药理学、毒理学、靶动物安全试验、实验药效学、临床疗效验证与制剂工艺、质量控制标准、长期稳定性实验进行了研究和考察。经过 5 年的实施，创制出防治畜禽病毒病的中兽药新产品 5 个（中兽药复方制剂“射干地龙颗粒剂”，已获得国家新药证书，证书号（2015）新兽药证字 17 号；中兽药复方制剂“根黄分散片”，已进入国家新兽药审评中心的产品复核阶段；中兽药复方“麻杏石桑颗粒”完成新兽药注册全部资料，准备报批注册；中兽药复方制剂“花参香口服液”，正在进行1—3期临床试验；中兽药复方制剂“马香苓服液”，正在进行临床疗效试验观察）。获得国家发明专利5项，起草3个新药质量控制标准，建立了2个试验示范基地和中试生产线1条，构建了1个抗病毒、细菌病中兽药研究中心。获得甘肃省科技进步二等奖1项，培养了中兽药研发研究生4名，发表科技论文20篇，出版科技著作1部153万字。

超细型细毛羊新品种（系）选育与关键技术研究

课题类别：国家科技支撑计划子课题

项目编号：2011BAD28B05-1-4　　**起止年限：**2011-01—2015-12

资助经费：39.00万元

主持人及职称：郭　健 副研究员

参　加　人：刘建斌　冯瑞林　孙晓萍　岳耀敬　郭婷婷

摘要：在海拔2 400~4 070m的青藏高原祁连山层区的高山寒旱草原生态区系统成功培育了高山美利奴羊新品种（2015年11月25日通过国家畜禽遗传资源委员会审定），丰富了细毛羊遗传资源，完善了细毛羊品种结构。高山美利奴羊超细种群核心群数量为2 812只，成年公母羊平均体重96.28±7.94kg、48.85±4.78kg，育成公母羊平均体重68.62±5.41kg、48.69±4.71kg；成年公羊羊毛纤维直径16.81±1.21μm，毛长10.15±0.82cm，净毛量6.12±0.40kg，净毛率62.90±4.14%；成年母羊羊毛纤维直径16.92±0.51μm，羊毛长度9.35±0.87cm，净毛量3.67±0.23kg，净毛率62.32±6.15%；育成公羊羊毛纤维直径16.50±1.27μm，毛长10.22±0.88cm，净毛量4.03±0.21kg，净毛率56.7±5.73%；育成母羊羊毛纤维直径平均16.75±1.60μm，毛长9.81±0.86cm，净毛量2.35±0.41kg，净毛率56.5±4.37%。建立“开放核心群育种体系”和“闭锁群体继代选育”相结合的高山美利奴羊超细种群培育体系。筛选出在海拔2 400~4 070m的青藏高原祁连山层区的高山寒旱草原生态区高山美利奴羊超细种群选种的动物模型，开发出一套简单、实用的BLUP简体中文操作系统，并进行育种值估计。研究集成早期断奶技术、营养调控技术、分子标记辅助选择技术体系，并成功应用于高山美利奴羊超细种群培育。应用MTDFREML（多性状非求导约束最大似然法）法估算了高山美利奴羊超细种群重要经济性状的遗传参数，明确了超细种群生产性能和羊毛品质性状的遗传规律。围绕高山美利奴羊超细种群的营养需要、日粮组分的适宜水平等进行的前期研究，为制定高山美利奴羊超细种群的饲养标准提供了理论参数。建立了高山美利奴羊新品种规模标准化级产业化技术体系。研究了高山美利奴羊超细种群胚胎发育中后期和出生后毛囊发育规律。

获得中华农业科技进步三等奖1项，出版专著4部，授权实用新型专利12项，发表文章12篇，其中SCI文章4篇，培养研究生2人。

生物兽药新产品研究和创制

课题类别：863计划子课题

项目编号：2011AA10A214　　**起止年限：**2011-01—2015-12

资助经费：21.50万元

主持人及职称：梁剑平 研究员

参　加　人：刘　宇　尚若锋　郝宝成　王学红　郭志廷　郭文柱

摘要：本项目利用超声波技术提取苦豆子总碱，设计响应面工艺参数，优化苦豆子总碱的提取工艺。采用牛津杯法测定了苦豆子总碱对大肠杆菌、金黄色葡萄球菌、表皮葡萄球菌、无乳链球菌的抗菌活性。完成苦豆子复方栓剂的制备。建立复方苦豆子栓剂总生物碱含量的测定方法，采用酸性染料比色法，以氧化苦参碱为对照品进行含量测定，测得复方苦豆子栓剂中总生物碱含量为139.33mg/g。设计并合成出22种含有嘧啶和咪唑杂环结构的截短侧耳素类新化合物。经硅胶柱分离纯化对筛选该化合物进行了小鼠的急性毒性实验。发表文章5篇，其中SCI 1篇；获得实用新型专利3项。

新型中兽药射干地龙颗粒的研制与开发

课题性质： 科技部科研院所技术开发研究专项资金

项目编号： 2012GB23260560　　**起止年限：** 2013-01—2015-12

资助经费： 85.00万元

主持人及职称： 罗超应 副研究员

参　加　人： 谢家声　李锦宇　王贵波　辛蕊华　罗永江　郑继方

摘要： 完成射干地龙颗粒的新兽药证书申报并获得新兽药注册证书。委托湖南圣雅凯生物药业有限公司生产、自己加工或市场购置试验用射干地龙颗粒中试药物与相关对照药物，共计4 000kg，为进一步的推广工作奠定了基础。通过举办推广应用培训班与送药到养鸡场或家禽养殖公司，发放射干地龙颗粒及其对照药物，先后在甘肃省天水市、陇西县、渭源县、永登县、会宁县、榆中县、礼县、武威市、民勤县、临潭县及四川省、河北省与山东省等地20余家养鸡场或畜禽养殖公司126万羽肉蛋鸡推广应用，使用射干地龙颗粒3 890kg，取得了比较显著的社会经济效益。2013—2014年在甘肃永登县大同镇家禽养殖场2 000余羽肉鸡上，进行了比较系统的射干地龙颗粒临床疗效观察；在甘谷县恒瑞家禽育种有限公司进行了4 500余羽的更大规模临床疗效观察，取得了较一致的结果。发表学术论文10篇。编辑培训教材《鸡病中西药防治指南》，出版《鸡病防治与安全用药》。

畜产品质量安全风险评估

课题性质： 农产品质量安全监管（风险评估）项目

项目编号：　　**起止年限：** 2015-01—2015-12

资助经费： 50.00万元

主持人及职称： 高雅琴 研究员

参　加　人： 李维红　熊　琳　杨晓玲

摘要： 调研甘肃省兰州市、张掖市、合作市、靖远县等地20家牛羊养殖场户，并采集了20个牛羊养殖场饲料、粪便样品、兽药药品等共104份。调研结果表明，牛羊养殖过程存在的主要安全风险是兽药不规范使用、环境卫生差，发现牛羊场使用人药的现象。采集兰州、张掖、合作、靖远等市县14个牛羊市场的牛羊产品共170份，进行β-受体激动剂、抗病毒药物、抗菌药物和硝基咪唑类20种违禁药物分析验证，有18个羊肉、9个牛肉样品中检出替硝唑，最高残留达0.3510μg/kg，其他均未检出。对84个牛羊肉样品进行了氟喹诺酮类和替米考星及雌激素的验证分析，有2份羊肉中检出替米考星，其含量分别为319.7μg/kg及76.9μg/kg，其他均未检出。调研和验证结果表明：牛羊肉市场产品的安全性在农业部加大监管力度的情况下有了很大提高，非法添加物在牛羊养殖场得到了有效扼制，β-兴奋剂类俗称的“瘦肉精”的使用危害及后果得到了养殖人员的认知和高度重视。发表论文7篇，建立畜产品质量安全风险评估数据系统1个，取得专利28项，完成牛、羊产品中违禁药物使用现状调查报告1份和牛、羊产品中违禁药物残留风险评估报告各1份，完成了项目任务目标。

河曲马

课题性质： 农业行业标准

项目编号：　　**起止年限：** 2015-01—2015-12

资助经费：8.00万元

主持人及职称：梁春年 研究员

参　加　人：郭　宪　包鹏甲

摘要：本年度在参阅其他马品种标准，学习中华人民共和国国家标准GB/T1.1—2009《标准化工作导则，第一部分标准的结构和编写规则》的基础上，反复推敲、更改，共同起草完成了初稿。初稿完成后，7月下旬开始函审，向马生产相关主管部门、质检部门、科研、教学、生产单位的专家和技术人员广泛征求意见，共发出征求意见函30份，截至10月中旬收回18份，对征求到的意见逐条处理，并形成征求意见汇总表，经过讨论、修改，形成《河曲马》标准预审稿。《河曲马》标准预审稿完成后，在广泛征求意见的同时，标准编制小组于2015年9月—11月在甘南州河曲马场、青海河南县、四川若尔盖县、夏河县等地河曲马养殖牧户，分别进行了标准中主要技术指标验证，验证结果显示，各项内容、指标均符合河曲马的生产实际，技术指标合理、方法科学可行，可操作性强。

新型高效安全兽用药物“呼康”的研究与示范

课题性质：甘肃省科技重大专项

项目编号：1302NKDA024　　　　**起止年限**：2013-01—2015-12

资助经费：140.00万元

主持人及职称：李剑勇 研究员

参　加　人：杨亚军　刘希望

摘要：本项目研制出了对猪细菌性呼吸系统疾病疗效确切的新型复方氟苯尼考注射剂（呼康），性状稳定，质量可控，生产工艺简便，易于产业化。该制剂对呼吸系统常见病原菌有良好的抑制作用，对人工感染的猪巴氏杆菌病和自然发病的猪呼吸道细菌感染性疾病均有很好的治疗效果，低毒，无刺激性，给药次数少，休药期短。完成了国家新兽药申报的全部研究工作并撰写了申报资料；申请了国家发明专利2项，其中授权1项；制定了兽药质量标准1项；发表相关科技论文5篇；培养硕士研究生2名。建立了中试生产工艺与配套生产线1条，进行了6批次规模化生产；建立了推广示范基地3个，推广示范6万余头。

防治猪气喘病中药颗粒剂的研究

课题性质：甘肃省科技支撑计划项目

项目编号：1304NKCA155　　　　**起止年限**：2013-01—2015-12

资助经费：7.00万元

主持人及职称：辛蕊华 助理研究员

参　加　人：罗永江　王贵波

摘要：本项目针对猪气喘病，通过临床试验筛选确定了一种中兽药组方；完成了该组方的毒理学试验，包括急性毒性实验、亚慢性毒性试验及安全药理学试验；开展了相关药理药效研究；优化制剂处方工艺和稳定性试验，进行了质量控制方法研究；完成靶动物安全性试验、临床治疗试验和临床扩大试验；探讨了相关药理学作用机制研究。研制出了防治猪气喘病新型中药复方颗粒剂，并制定了质量标准草案。申报国家专利7项，其中授权发明专利1项、实用新型专利4项；发表文章8篇，其中SCI文章2篇；培养研究生2名。

奶牛子宫内膜炎病原检测及诊断一体化技术研究

课题性质：甘肃省国际科技合作计划

项目编号： 1304WCGA172　　**起止年限：** 2013-01—2015-12

资助经费： 10.00 万元

主持人及职称： 蒲万霞 研究员

参　加　人： 王学红　刘　宇

摘要： 本项目对采自甘肃、四川、内蒙古、贵州等地区的部分牛场的乳源金黄色葡萄球菌进行了分离、鉴定，共分离金黄色葡萄球菌 141 株，分离率达到 14.8%。首次报道了中国牛源 OS-MRSA 的感染情况。对所分离的金黄色葡萄球菌进行了耐药性研究。采用表型和分子生物学检测方法，完成了耐甲氧西林金黄色葡萄球菌的检测，并对其进行了分子流行病学研究。从 5 个地区的奶牛养殖场中均分离得到了耐甲氧西林金黄色葡萄球菌，且感染率高，并以 ST2692，spa 分型为 t502 和 t267 携带 SCCmec Ⅳ、Ⅴ和Ⅱ的菌株为主。对部分苯唑西林敏感、mecA 基因阳性耐甲氧西林金黄色葡萄球菌（OS-MRSA）进行了诱导实验，结果表明 OS-MRSA 在药物存在的情况下很快演变成为耐甲氧西林金黄色葡萄球菌。在 MLST 数据库注册新型金黄色葡萄球菌菌株 3 个，分别被命名为 ST2720、ST2668、ST2692。发表论文 4 篇，其中 SCI 1 篇，培养硕士研究生 2 名。

益生菌转化兽用中药技术熟化与应用

课题性质： 甘肃省中小企业创新基金

项目编号： 1305NCCA260　　**起止年限：** 2013-01—2015-12

资助经费： 20.00 万元

主持人及职称： 王　瑜 助理研究员

参　加　人： 陈化琦　汪晓斌

摘要： 本项目筛选出 FGM9 发酵黄芪的最佳培养基配方，优化了发酵罐生产工艺，制定了质量标准，建立了兽用中药生物发酵中试生产线。研发了药物饲料添加剂“发酵黄芪散”，临床试验安全无毒，可提高饲料利用率、促进生长及增强动物免疫力。申报国家专利 4 项，授权发明专利 2 项，发表论文 3 篇；培养技术骨干 2 名、研究生 2 名，形成了中药发酵生产的研发队伍。

防治奶牛卵巢疾病中药“催情助孕液”示范与推广

课题性质： 甘肃省成果转化项目

项目编号： 1305NCNA139　　**起止年限：** 2013-01—2015-12

资助经费： 15.00 万元

主持人及职称： 陈化琦 副研究员

参　加　人： 严作廷　王东升

摘要： 本项目根据中兽医辨证施治原则，经临床试验，筛选出有效处方 1 个，采用水提醇沉法制成“催情助孕液”子宫灌注剂。对“催情助孕液”进行了制剂工艺优化和毒理学评价，完成了急性毒性实验、长期毒性试验，开展了靶动物安全性试验、临床试验和临床扩大试验。临床试验表明，该子宫灌注剂对卵巢静止的有效率达 94.52%，对持久黄体的有效率达 91.80%。制定了质量标准草案 1 项，申报新兽药并通过了农业部兽药评审中心初评。建立推广示范点 3 个，推广应用 10 050头（次），举办“奶牛繁殖疾病防控技术”培训班 2 次，培训人员 117 人（次），发表论文 2 篇。

高寒低氧胁迫下牦牛 HIF-1α 对 microRNA 的表达调控机制研究

课题性质： 甘肃省杰出青年科学基金

项目编号： 1308RJDA015　　**起止年限：** 20131.01—2015-12

资助经费：20.00 万元

主持人及职称：丁学智 助理研究员

参　　加　　人：郭　宪　包鹏甲　裴　杰　褚　敏

摘要：项目构建了牦牛肝脏组织小 RNA 文库，采用 Solexa 测序技术检测了不同组织中 miRNA 的表达谱，鉴定了低氧适应发生相关 miRNA，并对这些 miRNA 的表达情况和潜在功能进行了全面分析和预测。文库小 RNA 长度分布 22nt 小 RNA 序列是最多的，其次为 21nt 和 23nt 序列，21～23nt 小 RNA 序列共占总序列的 60%以上；基因组定位后，为了将每一条小 RNA 序列分类注释，分别与 Rfam 和 NCBI GenBank 数据库中的 rRNAetc、已知本物种的 miRNA、repeat-associated small RNA 等进行比对。对预测出的 2 286个靶基因进行 GO 分类，主要从生物学过程和分子功能 2 个方面进行归类，分别涉及靶基因 89 个和 82 个。靶基因几乎参与了全部的生物学过程，参与功能最多的是结合活性，表明 miRNA 主要作为调节因子发挥牦牛在高寒低氧适应过程中的调节作用。（5）国内外核心期刊发表研究论文全文 6 篇，其中 SCI 论文 3 篇，；国际学术会议专题报告 1 人次，国际会议论文 1 篇；获得国家实用新型专利 1 项。在本项目研究成果的基础上，项目主持人申请获得 2014 年国家自然科学基金组织间国际（地区）合作与交流项目 1 项，资助经费 200 万元。

牛源耐甲氧西林金色葡萄球菌检测及 SCCmec 耐药基因分型研究

课题性质：甘肃省自然基金

项目编号：1308RJZA119　　　　**起止年限**：2013-01—2015-12

资助经费：3.00 万元

主持人及职称：李新圃 副研究员

参　　加　　人：李宏胜　罗金印

摘要：从甘肃、陕西、山西、宁夏、河南等地的奶牛场，采集临床型乳房炎乳样 302 份。对采集的乳样，采用肉汤管培养、血琼脂平面划分、革兰氏染色和显微镜镜检进行乳汁细菌分离。对分离纯化的乳汁细菌，采用 CAMP、H2O2 酶、兔血浆凝固酶等生化试验和 16SrDNA PCR 试剂盒进行细菌鉴定。对分离、鉴定和纯化的金黄色葡萄球菌，采用头孢西丁药敏纸片法和 mecA 基因测定法，进行耐甲氧西林金葡菌（MRSA）检测。对检测出的 MRSA 阳性菌株，采用复合引物多重 PCR 法，进行 SCCmec 基因分型。结果显示，共采集 302 份临床型乳房炎乳样，246 份检出细菌，其中 11 份同时检出两种细，细菌检出率为 81.5%。本次试验共检出 257 株细菌，包括 27 个种属，常见的主要致病菌中无乳链球菌检出率最高，为 27.6%，其次是金色葡萄球菌，检出率 7.0%，大肠杆菌检出率为 4.7%。条件性致病菌中检出率较高的是屎肠球菌、粪肠球菌和化脓隐秘杆菌，它们的检出率分别为 7.0%、6.2%和 5.8%。检出菌中还包括益生菌乳酸乳球菌、棉籽糖乳球菌、蒙氏肠球菌和海氏肠球菌等，它们的总检出率为 10.1%。其他菌则以肉杆菌检出率较高，为 8.9%。本次试验共检出金黄色葡萄球菌 18 株，其中 2 株表现为头孢西丁耐药和 mecA 基因检测阳性，可以确定为 MRSA。SCCmec 基因分型结果显示，2 株 MRSA 均为 SCCmec V 型。授权实用新型专利 4 项，获中国农业科学院 2013 年科技成果二等奖 1 项，发表论文 4 篇。

非繁殖季节 GnIH 基因免疫对藏羊卵泡发育的影响

课题性质：甘肃省青年基金

项目编号：1308RJYA037　　　　**起止年限**：2013-01—2015-12

资助经费：2.00 万元

主持人及职称：岳耀敬 助理研究员

参　　加　　人：郭婷婷　刘建斌

摘要：通过开展非繁殖季节 GnIH 基因免疫对藏羊卵泡发育的影响的研究，筛选了高免疫原性的 INHα（1~32）、牛 GnIH（1~28）、Follistatin（305~314）抗原表位，建立了 GnIH 和 INH 抗体检测试剂盒，构建的 pSEC-tag2a-GnIN-INH-Follistatin-C3d3 和 pSEC-tag2a-INH-C3d3 基因疫苗安全、可靠的，成功实现了藏羊非繁殖季节发情，双羔率达 25%（25.0%~35.7%）以上，为解决藏羊非繁殖季节发情、产羔率低等难题提供了理论基础和技术支撑。发表论文 8 篇，授权发明专利 1 项，授权实用新型专利 1 项。

奶牛乳房炎无乳链球菌快诊断试剂盒的研制及应用

课题性质：甘肃省农业生物技术研究与应用开发

项目编号：GNSW-2013-28　　**起止年限**：2013-01—2015-12

资助经费：8.00 万元

主持人及职称：王旭荣 副研究员

参　加　人：张世栋　王东升

摘要：通过文献查阅，参考 GenBank 数据中无乳链球菌全基因组序列的保守区设计无乳链球菌的特异性引物，优化特异性引物的反应体系和反应条件，简化生化鉴定项目，形成具有特色的将细菌形态学观察、接触酶试验、CAMP 反应和 PCR 检测联合使用的复合鉴定方法，能够简化鉴定程序，特异性强，敏感性提高 15%以上，且鉴定成本低、耗时短。通过西北农林科技大学、临沂大学、甘肃农业大学 3 个单位的样品复核，该方法准确、敏感。授权发明专利 1 项，授权实用新型专利 4 项，发表文章 5 篇。另外将 1 株无乳链球菌的地方分离株进行了全基因组测序。

抗奶牛乳房炎耐药性菌复合卵黄抗体纳米脂质体制剂的研发

课题性质：甘肃省农业生物技术研究与应用开发

项目编号：GNSW-2013-29　　**起止年限**：2013-01—2015-12

资助经费：8.00 万元

主持人及职称：王　玲 副研究员

参　加　人：刘　宇　郭文柱

摘要：完成耐药菌菌体蛋白抗原制备工艺研究，分别制备了 4 种耐药致病菌（无乳、停乳、金葡、大肠）的单菌浓缩蛋白抗原及其混合菌复合浓缩蛋白抗原；制定免疫程序，测定卵黄抗体的蛋白质含量及进行抗体效价检测，证实复合菌体蛋白抗原产生的效价高于单一菌体蛋白的效价；提取分离 IgY，优化工艺条件，得到纯度 90%以上的 IgY；完成特异性复合 IgY 体外抑菌、交叉抑菌生物活性研究，证实了抗单菌卵黄抗体的抑菌专一性，以及混合菌的卵黄抗体能够有效的抑制各单菌的生长的特异性；完成抗奶牛乳房炎耐药致病菌复合卵黄抗体的性质研究，采用 ELISA 法测定 IgY 的稳定性，结果表明 IgY 在中性、弱酸、弱碱环境中十分稳定，对胰蛋白酶十分敏感，且具有耐受反复冻融的特性。以水溶性抗-Mas IgY 抗体为药物模型，利用脂质体制药技术，采用薄膜分散法制备脂质体薄膜，将水溶性卵黄抗体包封，制成卵黄抗体脂质体囊体，产品性能稳定，工艺简单，经济适用。授权发明专利 1 项，授权实用新型专利 11 项。发表文章 8 篇，其中 SCI 论文 2 篇，国际会议论文 2 篇。

畜禽呼吸道疾病防治新兽药“菌毒清”的中试及产业化

课题性质：甘肃省农业科技创新项目

项目编号：GNCX-2013-56　　**起止年限**：2013-01—2015-12

资助经费：8.00 万元

主持人及职称：陈化琦 副研究员

参　　加　　人：苗小楼

摘要：在中国农业科学院中兽医研究所药厂生产了2批“菌毒清”口服液中试生产，共计20万毫升，根据“菌毒清”的质量标准要求，继续完善了中试生产生产工艺，对其煎煮加水量、浓缩程度；相对密度测定时的温度进行了调整；根据农业部兽药评审中心的要求完善了黄连、黄芩、金银花、牛蒡子、知母、山豆根鉴别。根据研究结果，建议删除山豆根作为鉴别项，并进行上报；在天水市秦州区嘉信奶牛场、张掖市甘州区示范区进行了奶牛、鸡呼吸道疾病防治推广示范工作。共防治奶牛1 000头，鸡2 000羽，取得了良好的效果。发表论文2篇，申报发明专利1项，培养研究生1名。

辐射诱变与分子标记选育耐盐苜蓿新品种

课题性质：甘肃省农业科技创新项目

项目编号：GNCX-2013-58　　　　**起止年限**：2013-01—2015-12

资助经费：8.00万元

主持人及职称：张怀山 助理研究员

参　　加　　人：张　茜　王春梅

摘要：在永登秦王川试验基地建立耐盐苜蓿育种试验地4亩，对M3代苜蓿辐射突变材料进行了耐盐性田间筛选鉴定。在实验室对苜蓿材料在不同盐浓度处理下的生理生化指标的变化进行了测定，筛选出耐盐性强苜蓿新品系2个。利用分子标记技术，对耐盐苜蓿新品系与亲本品种遗传差异、遗传距离进行了分析鉴定。并对苜蓿新品系的染色体进行核型分析。以陇中苜蓿为对照，进行耐盐苜蓿3个新品系的品比试验。建立耐盐苜蓿新品系种子繁育田4亩，在兰州、永登、张掖三地合计推广种植耐盐苜蓿新品系32亩。获得甘肃省科技进步三等奖（第5完成人）1项，授权实用新型专利7项，发表论文9篇。

奶牛乳房炎综合防控关键技术的示范与推广

课题性质：甘肃省农业科技创新项目

项目编号：GNCX-2013-59　　　　**起止年限**：2013-01—2015-12

资助经费：8.00万元

主持人及职称：李宏胜 研究员

参　　加　　人：罗金印　李新圃

摘要：对甘肃省荷斯坦奶牛示范中心、甘肃秦王川奶牛场、兰州五泉奶牛场934头泌乳牛进行了隐性乳房炎检测，结果表明，隐性乳房炎平均头阳性率为52.89%，乳区阳性率为26.54%。从三个奶牛场采集临床乳房炎及隐性乳房炎病乳126份，进行了细菌分离与鉴定工作，同时对部分菌株进行了抗生素耐药情况观察。对乳房炎疫苗的中试生产条件进行了研究，采用发酵罐培养分别生产了3批铝胶佐剂乳房炎多联苗共计15 000mL，经无菌检测、家兔及奶牛安全试验均合格。在甘肃省荷斯坦奶牛示范中心、甘肃秦王川奶牛场、兰州五泉奶牛场及4个个体奶牛养殖户，对1 935头泌乳奶牛进行了以乳房炎疫苗预防为主的综合防治技术试验。通过为期1年的试验观察表明，试验组奶产量每头牛单产平均由6 550kg上升到7 090kg，提高565kg，与试验前相比奶产量平均提高8.63%。乳汁体细胞数由试验前的108.7万个/mL，下降到48.03万个/mL，下降了55.8%。乳汁蛋白率由试验前的3.52%上升到试验后的3.69%，上升了4.83%。乳脂率由试验前的1.77%，上升到试验后的2.02%，上升了13.8%。结果表明，以奶牛乳房炎疫苗预防为主的乳房炎综合防治措施是行之有效的，对于降低奶牛乳房炎发病率及体细胞数，提高奶产量及乳品质量具有明显的效果。授权发明专利1项，授权实用新型专利25项；发表论文9篇，其中SCI 1篇。

黄土高原半干旱荒漠地区盐碱地优良牧草适应性研究及推广

课题性质：兰州市科技计划

项目编号：2013-4-155　　**起止年限：**2013-01—2015-12

资助经费：10.00万元

主持人及职称：路 远 助理研究员

参 加 人：田福平 胡 宇

摘要：项目在前期基础上，将去年出苗不好和一年生的牧草进行了补种，引进和收集国内外优良品种20个（包括豆科、禾本科以及小灌木），开展种子的发芽试验，确定最后播种的牧草品种为中兰2号紫花苜蓿、333箭舌豌豆、燕麦草、垂穗披碱草等优良品种，记录了物候期观测、株高和生长速度等，并进行了土样采集，分别于种植前和生长季结束后采样并进行测定，测定指标为：全N、P、K，速效N、P、K，有机质，pH值，全盐量。申报实用新型专利5项。

防治家禽免疫抑制病多糖复合微生态免疫增强剂的研制与应用

课题性质：兰州市科技计划

项目编号：2013-4-90　　**起止年限：**2013-01—2015-12

资助经费：10.00万元

主持人及职称：陈炅然 副研究员

参 加 人：

摘要：项目研制出一种防治家禽免疫抑制病的多糖复合微生态免疫增强类制剂。该制剂通过提高机体的细胞和体液免疫功能，降低传染性法氏囊病病毒对机体造成的损伤，提高抗IBDV的作用，临床预防IBD的有效率达80%以上。通过微囊化技术提高了活菌存活率，延长了活菌常温保存期。肉鸡饲喂微生态制剂后，肠道内乳酸杆菌、双歧杆菌的数量明显上升，大肠杆菌的数量显著降低。

防治畜禽感染性疾病中兽药新制剂的研制

课题性质：横向合作

项目编号：　　**起止年限：**2011-08—2015-12

资助经费：100.00万元

主持人及职称：罗永江 副研究员

参 加 人：王贵波 郑继方

摘要：完成了第一个中兽药分散片——根黄分散片有效配方及最佳治疗剂量的临床筛选；完成了生产工艺的研究，即剂型研究，实验室制备工艺研究，中试生产工艺研究；完成了根黄分散片的质量研究工作及标准的制定；制剂的稳定性研究，包括影响因素试验，加速稳定性试验，长期稳定性试验；药理毒理研究，包括：抗炎作用研究，解热作用研究，祛痰作用研究，止咳作用研究，安全药理学试验，急性毒性试验，长期毒性试验；制剂的临床研究，包括靶动物安全试验，实验性临床试验，临床扩大试验。综合试验结果表明，该制剂对鸡传染性喉气管炎具有很好的疗效，是一种安全、有效、可控的中兽药新制剂。

治疗奶牛乳房炎中兽药乳房注入剂的试验研究

课题性质：横向合作

项目编号：1610322012012　　　　　　　　　　　　**起止年限：**2011-08—2015-12

资助经费：80.00 万元

主持人及职称：梁剑平 研究员

参　加　人：郭文柱　王学红　尚若峰　华兰英　郭志廷

摘要：严格按照合同工作目标，完成了丹参酮乳房注入剂工艺、质量标准、稳定性试验、奶牛乳房炎常见治病菌抑菌试验、兔局部刺激性试验、小白鼠抗炎试验和小白鼠急性毒性试验、大鼠亚慢性毒性试验，中试试验等临床前研究的全部试验，获得临床试验批件，完成了临床试验研究内容，撰写了丹参酮乳房注入剂新兽药注册申报书。申报书提交到农业部新兽药评审中心，并进行了评审，目前正在修改。

中兽药（复方）乳房灌注液的报批实验

课题性质：横向委托

项目编号：　　　　　　　　　　　　**起止年限：**2013-09—2015-12

资助经费：40.00 万元

主持人及职称：梁剑平 研究员

参　加　人：刘　宇　郭文柱　王学红

摘要：完成苦豆草总生物碱的抑菌活性研究，完成苦豆草总碱灌注液小鼠的急性毒性试验，灌注液刺激性实验；建立苦豆子灌注剂的质量标准；完成苦豆草总碱灌注液的长期毒性试验、抗炎试验、灭菌工艺研究；完成苦豆草总碱灌注液的靶动物安全性实验、临床药效学实验和扩大临床实验；完成苦豆草总碱灌注液新兽药申报材料准备；培养博士研究生 1 名，硕士研究生 2 名；授权实用新型专利 2 个，发表文章 4 篇。

紫花苜蓿航天诱变新品种选育及生产示范

课题类别：基本科研业务费增量项目

项目编号：2015ZL017　　　　　　　　　　　　**起止年限：**2015-01—2015-12

资助经费：30 万元

主持人及职称：常根柱 研究员

参　加　人：杨红善　周学辉

摘要：完成航苜 2 号新品系选育研究和相关实验分析。开展相关试验，提出紫花苜蓿控制多叶性状的功能基因定位基础研究报告。在定西市陇西通安驿示范种植航苜 1 号紫花苜蓿新品种 100 亩。其中在引洮灌区集中连片种植 40 亩，干草产量达到 18 000kg/hm^2，比当地主栽品种产草量增产 10%；蛋白质含量达 20%以上，比对照品种增加5%~8%；山区农户自然条件分散种植 60 亩，干草产量达到 15 000kg/hm^2，产草量、营养含量高于当地主栽品种。提出不同生态区域适应性评价及栽培技术方案。在张掖市甘州区党寨镇草业基地与小寨村合作示范种植航苜 1 号紫花苜蓿新品种 50 亩，提出适应性评价。在甘肃陇穗草业公司完成苜蓿袋装青贮草产品研发。在兰州、甘谷种植航苜 1 号紫花苜蓿新品种标准化原种田 10 亩，生产原种 300kg。获航苜 1 号紫花苜蓿新品种 1 项，授权实用新型专利 1 项，出版著作 1 部，发表文章 1 篇。

羊增产增效技术集成与综合生产模式研究示范

课题类别：中央级公益性科研院所基本科研业务费增量项目

项目编号：2015ZL030　　　　　　　　　　　　**起止年限：**2015-01—2015-12

资助经费：30 万元

主持人及职称：杨博辉 研究员

参　　加　　人：袁　超　冯瑞林　牛春娥

摘要：推广应用草原肥羔生产技术、农区舍饲肉羊生产技术及优质细羊毛生产技术 21 项，辐射带动 3 个专业合作社、15 个家庭牧场、4 个大型牧场、2 个企业、30 多个养殖户，示范羊只 12 万多只。实现牧区母羊产羔率提高 15%~20%，繁殖成活率提高 8%以上，平均日增重达到 170g/d，降低成本 10%，增效 15%以上。农区肉羊母羊产羔率提高 10%，平均日增重达到 200g/d 以上，节省成本 10%以上，增效 15%以上。细毛羊净毛产量提高 10%以上，羊毛平均净毛率提高 10%，增效 15%以上。集成“两优、两高、两精准”，放牧补饲相结合的草原肥羔生产模式、“高、早、快、准”规模规范相配套的农区舍饲肉羊养殖模式和“十统一”优质细羊毛生产模式。授权实用新型专利 6 项。发表论文 3 篇。

祁连山草原土壤-牧草-羊毛微量元素含量的相关性分析及补饲技术研究

课题类别：中央级公益性科研院所基本科研业务费专项资金项目

项目编号：1610322013003　　**起止年限**：2013-01—2015-12

资助经费：20 万元

主持人及职称：王　慧 助理研究员

参　　加　　人：刘永明　王胜义　崔东安

摘要：本项目采用统计学方法，绘制了祁连山地区放牧表层土壤铜、锰、铁、锌、硒 5 种微量元素的分布特征，为科学评价土壤的理化环境及制定针对性补饲提供科学依据。根据土、草、畜微量元素检测结果及乳成分检测结果，初步制定了适用于该地区的羔羊代乳粉配方，该配方及工艺正在优化中。同时，应用复合微量元素营养舔砖对该地区的藏羊进行补饲。结果表明，复合微量元素营养舔砖极显著提高了羔羊的成活率；平均每只羊每天消耗舔砖 13.09g；舔砖可显著提高血清中 Mn、Fe、Se 的水平，降低 MDA 含量，增加 GSH 活性；可显著提高 T-AOC、T-SOD、MAO 活力；另外，可显著提高 IgA、IgM、IGF - 1 的水平。病理组织学分析表明，长期补饲营养舔砖无毒性作用。肠道黏膜上皮细胞含有多种转运蛋白参与微量元素的吸收转运，但是微量元素 Mn 在肠道中的吸收转运机制仍不明确；Mn 的肠道吸收转运的蛋白质组学研究还在进一步研究中。利用蛋白质组学技术，初步研究了大鼠饲喂药理剂量硫酸锰日粮后十二指肠黏膜蛋白组的差异表达，经质谱共鉴定到蛋白质 3 020个，其中各通道标记标签皆有定量信息的蛋白质有 3 012个；与对照组相比实验组中有 67 个蛋白点表达量上调，108 个蛋白点表达量下调，对差异代谢物进行了聚类分析和 KEGG 代谢通路分析。蛋白质组及代谢组的相关结果还在进一步统计分析中。发表论文 13 篇，其中 SCI 论文 9 篇，授权实用新型专利 5 项。

计算机辅助抗寄生虫药物的设计与研究

课题类别：中央级公益性科研院所基本科研业务费专项资金项目

项目编号：1610322013005　　**起止年限**：2013-01—2015-12

资助经费：15 万元

主持人及职称：刘希望 助理研究员

参　　加　　人：杨亚军

摘要：合成了与具有显著抗寄生活性化合物硝唑尼特结构类似的化合物 26 个、噻唑查尔酮杂交分子 15 个，并对合成的化合物结构通过核磁共振氢谱、碳谱、高分辨质谱予以确证。考察化合物对厌氧菌艰难梭菌的抑菌活性，其中，部分化合物显示出与对照药物硝唑尼特类似或相当的抑菌活性。分子对接研究显示，目标化合物与 PFOR 酶具有较强的相互作用，且二者之间存在正相关关系。发表论文 6 篇，授权国家发明专利 1 项，申请国家发明专利 1 项。

牛羊肉质量安全主要风险因子分析研究

课题类别： 中央级公益性科研院所基本科研业务费专项资金项目

项目编号： 1610322013008　　**起止年限：** 2013-01—2015-12

资助经费： 20 万元

主持人及职称： 李维红 高级实验师

参　加　人： 杨晓玲　杜天庆

摘要： 项目组分别在 2013 年、2014 年和 2015 年对甘肃省兰州市、白银市、临夏市、张掖市和甘南州等地的多个县级地区连续三年采样 320 个，对牛羊不同部位肌肉和内脏进行了雌性激素类药物（雌二醇、己烯雌酚、戊酸雌二醇和苯甲酸雌二醇）残留的监测，为农业部畜禽产品风险评估提供了第一手资料，也为甘肃省牛羊肉的雌激素安全提供了保障。在本课题研究内容的基础上申请并获批了 1 项为期三年的甘肃省自然基金“牛羊肉中 4 种雌激素残留检测技术的研究”，资助金额 3 万元。完成了 4 种雌激素的方法标准草案，为进一步申请国家标准打下了坚实的基础；取得了甘肃省牛羊肉中 4 种雌激素残留现状的数据，掌握了安全评价的关键技术。项目实施以来，取得实用新型专利 11 个，发表科技论文 6 篇，参加相关学术会议 3 次。

大通牦牛无角基因功能研究

课题类别： 中央级公益性科研院所基本科研业务费专项资金项目

项目编号： 1610322014002　　**起止年限：** 2014-01—2015-12

资助经费： 30 万元

主持人及职称： 褚　敏 助理研究员

参　加　人： 包鹏甲　丁学智

摘要： SYNJ1、GCFC1 和 C1H21orf62 三个基因的外显子区多态性位点检测工作；完成大通无角牦牛线粒体测序工作，并完成了线粒体全序列的基因注释工作；完成牦牛 C1H21orf62、SYNJ1、RXFP2 基因的编码区的序列克隆工作，并采用实时荧光定量 PCR 方法检测牦牛 C1H21orf62、SYNJ1、RXFP2、GCFC1、OLIG2 5 个基因在有角、无角牦牛角组织中的差异表达。完成胚胎期无角及有角牦牛角部皮肤或角组织的转录组联合 LncRNA 深度测序工作，分别对所测 mRNA 及 lncRNA 进行分析，确定外显子/内含子的边界，分析基因可变剪接情况；识别转录区的 SNP 位点；定量基因或转录本表达水平，鉴定已知 lncRNA 和新的 lncRNA，预测 lncRNA 靶基因，进而识别不同样品（或样品组）之间显著差异表达的基因或 lncRNA；通过对差异表达基因或 lncRNA 靶基因的功能注释和功能富集分析，为后续的生物学研究提供分子水平的依据。经研究发现 3 个基因在有角及无角牦牛角部组织或相应位置皮肤组织的表达量达到差异极显著，其中 MMP13 是一个调控软骨和胶原蛋白形成的重要基因，发现 8 个 lncRNA 与角性状形成有关系。授权 16 项实用新型专利，发表 SCI 2 篇。

基于 Azamulin 结构改造的妙林类衍生物的合成及其生物活性研究

课题类别： 中央级公益性科研院所基本科研业务费专项资金项目

项目编号： 1610322014003　　**起止年限：** 2014-01—2015-12

资助经费： 22 万元

主持人及职称： 尚若锋 副研究员

参　加　人： 王学红　郭志廷

摘要： 根据 azamulin 的分子结构，已完成 17 种新型衍生物的化学合成，并对化合物进行 IR、1H NMR、13C NMR 和 HRMS 结构鉴定。对合成的化合物进行生物活性研究，测定最小抑菌浓度（MIC）以及体外抗菌活性，并筛选出较延胡索酸泰秒菌素活性较好的化合物 2 个。完成这 2 个化合物小鼠的急性毒性实验和分子对接研究，并归纳出侧链中杂环上含有亲水基团的化合物生物活性较好。根据 azamulin 的分子结构，在 2013 年研究的基础上，完成 24 种新型衍生物的分子结构设计和化学合成，并对化合物进行 IR、1H NMR、13C NMR 和 HRMS 结构鉴定。对合成的 24 种化合物进行生物活性研究，测定最小抑菌浓度（MIC）以及体外抗菌活性，并筛选出较延胡索酸泰秒菌素活性较好的化合物 2 个。完成筛选出的化合物 14-O-［（4-氨基-6-酮-嘧啶-2-基）巯乙酰基］姆体林对小鼠的小鼠的体内攻毒感染治疗试验、晶型研究、以及实验室合成路线优化研究。申报发明专利 3 项；发表 SCI 论文 6 篇。

药用植物精油对子宫内膜炎的作用机理研究

课题类别： 中央级公益性科研院所基本科研业务费专项资金项目

项目编号： 1610322014004　　**起止年限：** 2014-01—2015-12

资助经费： 20 万元

主持人及职称： 王　磊 助理研究员

参　加　人： 李建喜　张景艳　王旭荣

摘要： 本年度主要完成了复方精油有效方的筛选、疗效试验和刺激性试验。首先，采用琼脂扩散法和微量稀释法，通过利用金黄色葡萄球菌、白色假丝酵母菌和枯草芽孢杆菌对初步筛选出的 6 种精油进行二次筛选，结果显示百里香油、樟脑油和香樟油作用最强。采用棋盘滴定法考察了百里香油、香樟油的协同作用，确定使用剂量。随后，建立致病菌诱导的大鼠子宫内膜炎模型，考察了复方精油对大鼠子宫内膜炎的治疗效果，结果显示中剂量组疗效最佳，可显著降低炎症因子 IFN-r、IL-1a、IL-1b、TNF-a、IL-6 等水平，提高子宫组织中 MMP-2 和 MMP-9 含量，显著改善子宫炎症状况；开展局部刺激性试验，结果显示复方精油对子宫内膜无刺激性。申报国家发明专利 5 项，授权实用新型专利 2 项，发表 SCI 6 篇。

基于 iTRAQ 技术的牦牛卵泡液差异蛋白质组学研究

课题类别： 中央级公益性科研院所基本科研业务费专项资金项目

项目编号： 1610322014010　　**起止年限：** 2014-01—2015-12

资助经费： 20 万元

主持人及职称： 郭　宪 副研究员

参　加　人： 丁学智　梁春年　包鹏甲

摘要： 应用同位素标记相对和绝对定量技术筛选并鉴定牦牛繁殖季节与非繁殖季节卵泡液中的差异表达蛋白，并对其进行定量定性分析。本研究质谱鉴定到 310 001张图谱，通过 Mascot 软件分析，匹配到的图谱数量是 42 994张，其中 Unique 谱图数量是 28 894张，共鉴定到 2 620个蛋白，11 654个肽段，其中 9 755个 Unique 肽段。经 3 次重复实验，共同筛选到上调蛋白 12 个，下调蛋白 83 个。通过质谱鉴定与生物信息学分析，包括 GO 富集分析、COG 分析、Pathway 代谢通路分析等，证实了其差异蛋白参与卵泡液发育过程的碳水化合物代谢、性激素合成、信号转导、细胞发育和细胞骨架重排等过程。发表 SCI 论文 3 篇，授权专利 2 项，其中发明专利 1 项、实用新型专利 1 项。

藏药蓝花侧金盏有效部位杀螨作用机理研究

课题类别：中央级公益性科研院所基本科研业务费专项资金项目

项目编号：1610322014011　　**起止年限：**2014-01—2014-12

资助经费：16 万元

主持人及职称：尚小飞 助理研究员

参　加　人：潘　虎　苗小楼

摘要：根据任务书的要求，确定蓝花侧金盏乙酸乙酯提取物为杀螨有效部位，利用差异蛋白质组学 Lable-free 研究方法，寻找和评价药物处理前后及不同时期螨虫的差异蛋白和其生物功能。由于螨虫之前研究较少，缺少参考基因组学数据，MRM 验证不能进行。因此，开展转录组学研究，以期对其研究进行补充。同时，开展蓝花侧金盏化学成分分析与动物螨病的发病机理研究，为阐明药物在蛋白水平的杀螨作用机理，杀螨药物的研制及作用靶点的筛选奠定基础。发表 SCI 论文 3 篇，出版著作 1 部。

基于蛋白质组学和血液流变学研究奶牛蹄叶炎的发病机制

课题类别：中央级公益性科研院所基本科研业务费专项资金项目

项目编号：1610322014012　　**起止年限：**2014-01—2015-12

资助经费：20 万元

主持人及职称：董书伟 助理研究员

参　加　人：严作廷　王东升　张世栋

摘要：对前期采集的样品进行了蛋白质组学分析，利用 ITRAQ 同位素标记技术对鉴定的蛋白定量，筛选奶牛蹄叶炎不同发生发展阶段的差异蛋白，并利用生物信息学手段对差异蛋白进行 GO 富集分析和 Pathway 代谢通路的富集分析，对差异蛋白的表达模式做了富集分析，发现奶牛蹄叶炎不同发展过程中多种代谢通路发生了显著的变化，为进一步解释奶牛蹄叶炎的发病奠定理论基础。发表论文 4 篇，其中 SCI 1 篇，申请发明专利 2 项，授权实用新型专利 1 项。

含有碱性基团兽药残留 QuEChERS/液相色谱-串联质谱法检测条件的建立

课题类别：中央级公益性科研院所基本科研业务费专项资金项目

项目编号：1610322014012　　**起止年限：**2014-01—2015-12

资助经费：25 万元

主持人及职称：熊　琳 助理研究员

参　加　人：李维红　郭天芬

摘要：在国内首次制备出了阳离子净化剂（DVB-NVP-SO_3H），并优化得到了最佳的制备条件；按照设计的实验条件，摸索和优化 QuEChERS 法前处理牛羊肌肉和肝脏动物源性食品中 β-激动剂残留的条件，建立 QuEChERS/液相色谱-串联质谱法，得到评价该方法的技术指标：加标回收率（高中低三个水平）、相对标准偏差、最低检出限（以信噪比（S/N）≥3 计）和定量限（以信噪比（S/N）≥10 计）等，评价该方法在不同的基质影响下的有效性；初步研究了 QuEChERS 法测定牛羊肌肉和肝脏中苯并咪唑类兽药残留的条件。对甘肃省主要牛羊肉产区和消费地区的牛羊肉中盐酸克伦特罗、莱克多巴胺、氯丙那林、苯乙醇胺、西马特罗等常见 β-受体激动剂类药物残留进行风险评估，筛选出主要的风险因子。申报发明专利 2 项，授权实用新型专利 5 项，发表论文 5 篇，其中 SCI 收录 3 篇。

牧草航天诱变新种质创制研究

课题类别：中央级公益性科研院所基本科研业务费专项资金项目

项目编号：1610322014022　　**起止年限：**2014-01—2015-12

资助经费：40万元

主持人及职称：杨红善 助理研究员

参　加　人：常根柱　周学辉

摘要：项目实施以来完成了航苜1号紫花苜蓿新品种（*Medicago sativa* L. cv. Hangmu No. 1）的品种申报，该品种为利用航天诱变育种技术选育而成的牧草育成品种，2014年3月通过甘肃省草品种审定委员会审定，登记为育成品种（登记号：GCS014），成为我国第一个航天诱变多叶型紫花苜蓿新品种，并参加国家草品种区域试验。该品种基本特性是优质、丰产，表现为多叶率高、产草量高和营养含量高。开展"航苜2号"新品系选育研究，在"航苜1号"基础上，通过单株选择、混合选择法，使复叶多叶率由42.1%提高到50%以上，多叶性状以掌状5叶提高为羽状7叶为主，进一步提高草产量和营养含量，目前已经完成了新品系选育研究，并在庆阳、兰州和岷县等三个地区开展了品比试验和区域试验，完成了多叶率、草产量和营养成分的分析检测。建立了"牧草航天育种资源圃"，入圃种植的有搭载于"神舟3号飞船"、"神舟8号飞船"、"天宫一号目标飞行器"和"神舟10号飞船"的6类牧草的14个材料，包括8种紫花苜蓿，1种红三叶，1种猫尾草，2种燕麦，1种黄花矶松和1种沙拐枣。申请发明专利1项，授权实用新型专利4项，出版著作1部，发表论文4篇。

甘肃野生黄花矶松的驯化栽培

课题类别：中央级公益性科研院所基本科研业务费专项资金项目

项目编号：1610322014023　　**起止年限：**2014-01—2015-12

资助经费：30万元

主持人及职称：路　远 助理研究员

参　加　人：常根柱　周学辉　杨红善

摘要："陇中黄花矶松"于2014年3月经甘肃省草品种审定委员会审定，登记为观赏草"野生栽培"品种，4月，经全国草品种审定委员会评审同意，作为特殊参试品种自行开展国家草品种区域试验。区域试验选择甘肃兰州（黄土高原半干旱区）、甘肃天水甘谷（黄土高原半湿润区）、甘肃张掖（河西走廊荒漠绿洲区）、甘肃民勤（河西走廊荒漠绿洲区）4个试验点开展，通过区域试验，客观、公正、科学地评价陇中黄花矶松品种的适应性、观赏性、抗性及其利用价值，为国家观赏草品种审定提供依据。结果表明：黄花矶松具有抗旱、耐瘠、耐粗放管理的特点，其生育期为7月中旬初花，8月中旬盛花，绿色期为210d，观赏期为142d左右；其观赏性状从叶色、叶形、花色、花序美感及株形等几个方面综合评价为良；其表现出极强的抗逆性，其抗逆性强于二色补血草和耳叶补血草。申报发明专利1项，授权实用新型专利11项，发表论文4篇。

牦牛氧利用和ATP合成通路中关键蛋白的鉴定及表达研究

课题类别：中央级公益性科研院所基本科研业务费专项资金项目

项目编号：1610322015001　　**起止年限：**2015-01—2015-12

资助经费：20万元

主持人及职称：包鹏甲 助理研究员

参　加　人：阎　萍　梁春年　丁学智　褚　敏

摘要：本研究基于牦牛和低海拔黄牛肌肉组织中线粒体的差异表达蛋白质组，通过进行差异表达蛋白的筛选，分析影响细胞氧利用和能量合成通路中的关键蛋白，揭示低氧适应性机理。通过LC-MS/MS串联质谱分析，在牦牛和低海拔黄牛线粒体中共鉴定到的蛋白质组为602个，其中各通道标记标签皆有定量信息的蛋白质有594个。通过对其进行统计分析，共筛选到差异表达蛋白72个，其中上调蛋白41个，下调蛋白31个。对可被String注释的70个蛋白进行富集分析，在Gene Ontology的Biological Processes、Cellular Component、Molecular Function富集中，包含蛋白最多的前三位分别是单一组织进程、生物进程和代谢进程，细胞质、细胞质组份、细胞内细胞器，分子功能、结合、催化活性。KEGG富集分析按照包含蛋白多少排序，前五位分别是氧化磷酸化、代谢通路、心肌收缩、钙信号通路和丙酮酸代谢。对氧化磷酸化通路中的32个蛋白进行进一步分析发现，主要蛋白为DADH脱氢酶、细胞色素b复合体、细胞色素c氧化酶、NADH-辅酶Q氧化酶，及其基因家族成员的相关酶类。由此可知，不同海拔牛科动物在适应高原低氧环境条件下，NADH相关蛋白对氧的利用和代谢起关键作用，是低氧适应的关键因子。发表SCI 2篇，授权实用新型专利1项。

藏羊低氧适应lncRNA鉴定及相创新利用研究

课题类别： 中央级公益性科研院所基本科研业务费专项资金项目

项目编号： 1610322015002　　　　**起止年限：** 2015-01—2015-12

资助经费： 20万元

主持人及职称： 刘建斌 副研究员

参　加　人： 杨博辉　岳耀敬　袁　超

摘要： 利用Illumina 500测序技术构建藏羊肝脏组织的lncRNA文库，对藏羊适应高寒低氧环境相关lncRNA的进行鉴定及特征分析，完成15个样品的长链非编码测序，共获得187.90Gb Clean Data，各样品Clean Data均达到10Gb，Q30碱基百分比在85%及以上。分别将各样品的Clean Reads与指定的参考基因组进行序列比对，比对效率从80.02%到82.98%不等。基于比对结果，进行可变剪接预测分析、基因结构优化分析以及新基因的发掘，发掘新基因2 728个，其中1 153个得到功能注释。基于比对结果，进行基因表达量分析。根据基因在不同样品中的表达量，识别差异表达基因495个，并对其进行功能注释和富集分析。鉴定得到6 249个lncRNA，差异表达lncRNA共79个。发表SCI论文3篇，申报国家发明专利3项，授权国家发明专利2项。

SIgA在产后奶牛子宫抗细菌感染免疫中的作用机制研究

课题类别： 中央级公益性科研院所基本科研业务费专项资金项目

项目编号： 1610322015003　　　　**起止年限：** 2015-01—2015-12

资助经费： 20万元

主持人及职称： 王东升 助理研究员

参　加　人： 严作廷　张世栋　董书伟

摘要： 建立了奶牛子宫黏液中SIgA测定特异性强的ELISA方法，确定了最佳抗体包被浓度和酶标抗体工作浓度、最佳样品稀释度、最低检测限，进行了重复性、准确性和特异性检测。完成分娩后奶牛子宫黏液中SIgA、IgA、IgG和IgM含量的测定，测定了血液中IgA、IgG、IgM的含量，分析了这些指标的变化规律；进行了健康牛和子宫内膜炎奶牛分娩后2~42d子宫黏液和血液中炎症因子TNF-α、IL-2和IFN-γ的测定。测定了健康牛和子宫内膜炎奶牛分娩后2~42d子宫黏液和血液中T-SOD、TAOC、MDA、CAT、NO、NOS、CO、VE等指标的含量。初步测定并分析了奶牛分娩后2-42d子宫黏液中的菌群变化。

重离子诱变甜高粱对绵羊的营养评价

课题类别： 中央级公益性科研院所基本科研业务费专项资金项目

项目编号： 1610322015005　　**起止年限：** 2015-01—2015-12

资助经费： 20 万元

主持人及职称： 王宏博 副研究员

参　加　人： 高雅琴　丁学智　裴　杰　李维红

摘要： 本项目以甜高粱、玉米秸秆为研究对象，对其常规营养成分，CNCPS 营养成分及其在 CNCPS 数学模型中的应用所计算出的碳水化合物组分淀粉及果胶（CB1）、可利用纤维（CB2）、不可利用纤维（CC）、糖类（CA），蛋白质组分快速降解非蛋白氮（PA）、快速降解真蛋白（PB1）、不可降解蛋白（PC）、慢速降解真蛋白（PB3）、中速降解真蛋白（PB2）等共 23 项指标，进行全面、客观分析，对甜高粱、玉米秸秆进行营养价值评定。研究发现，蛋白质组分：玉米秸秆>甜高粱；碳水化合物组分：甜高粱>玉米秸秆。甜高粱对绵羊的育肥效果及其消化代谢的研究目前正在进行饲养试验。发表论文 1 篇。

奶牛胎衣不下血瘀证的代谢组学研究

课题类别： 中央级公益性科研院所基本科研业务费专项资金项目

项目编号： 1610322015006　　**起止年限：** 2015-01—2015-12

资助经费： 15 万元

主持人及职称： 崔东安 助理研究员

参　加　人： 刘永明　王胜义　王　慧

摘要： 本研究运用基于 LC-MS/MS 技术的非靶性代谢组学方法，研究了胎衣不下奶牛的血浆代谢组学特点，通过模式识别分析方法和差异性代谢产物鉴定，建立其基本病机“血瘀”相对应的代谢组图谱，筛选出潜在生物标志物 30 个，包括氨基酸类（丙氨酸、谷氨酸、精氨酸）、胆汁代谢（去氧胆酸-3-葡糖醛酸、胆红素、硫代石胆酸等）、三羧酸循环（乌头酸、柠檬酸）、脂类（溶血卵磷脂等）和脂肪酸（十四烷酸、十七烷酸）等。基于奶牛胎衣不下基本病机“血瘀”，以“活血化瘀”为主要治则，研制出一种有效防治奶牛胎衣不下的中兽药制剂“归芎益母散”，总治愈率为 88.6%（39/44），其中一次用药治愈率为 56.4%（22/39），用药后滞留胎衣排出的平均时间为 31.5h。申请发明专利 2 项，授权实用新型专利 1 项，发表 SCI 2 篇。

抗氧化剂介导的牛源金黄色葡萄球菌青霉素敏感性的调节

课题类别： 中央级公益性科研院所基本科研业务费专项资金项目

项目编号： 1610322015007　　**起止年限：** 2015-01—2015-12

资助经费： 15 万元

主持人及职称： 杨　峰 助理研究员

参　加　人： 李宏胜　罗金印　王旭荣

摘要： 本项目通过纸片扩散法从本课题组常年保存的菌种中筛选了对青霉素耐药和敏感的金黄色葡萄球菌菌株各两株，采用 Etest 试条法测定 NAC 对金黄色葡萄球菌青霉素最低抑菌浓度的影响，同时采用 RT-PCR 法和酶标法分别检测了 NAC 对金黄色葡萄球菌青霉素耐药基因表达的影响及对不同金黄色葡萄球菌生物被膜形成的影响。结果显示，在培养基中加入 10m*M* 的 NAC 会显著降低青霉素对金黄色葡萄球菌的最低抑菌浓度；NAC 对青霉素耐药基因 blaZ 的表达没有影响，而对菌株生物被膜的形成有较大的影响，但作用结果不同，NAC 抑制了有些菌株生物被膜的形成，同时也强化了一些菌株生物被膜的形成能力。研究结果表明，NAC 是金黄色葡萄球菌青霉素的一个重要调节因子，同时也是该菌种生物被膜形成的调节因子，但两者之间并无关联。授权实用新型专利 10 项，发表论文 2 篇，其中 SCI 1 篇。

抗寒性中兰 2 号紫花苜蓿分子育种的初步研究

课题类别： 中央级公益性科研院所基本科研业务费专项资金项目

项目编号： 1610322015008　　**起止年限：** 2015-01—2015-12

资助经费： 15 万元

主持人及职称： 贺洞杰 助理研究员

参　加　人： 田福平　胡　宇　朱新强

摘要： 项目筛选优良抗寒基因导入紫花苜蓿，通过梯度冷胁迫筛选出具有优良抗逆性状的紫花苜蓿新品种，筛选拟南芥 AtCBF 家族，克隆全长基因和 CDS 功能区，获取质粒。采用 Gateway 技术构建 AtCBF3 真核和原核表达载体。包括 YFP 荧光载体。采用农杆菌侵染方法转导 AtCBF3 基因于中兰 2 号紫花苜蓿。筛选抗寒性具有明显提高的转基因植株。并采用 Real time PCR 对其在转录水平进行抗寒性分析。提取转基因植株的总 RNA，扩增其转导的 AtCBF3 基因，采用 Gateway 技术构建原核表达载体，诱导纯化相应蛋白，从翻译水平进行抗寒性分析。使用 confoncal 荧光显微镜测定转导基因在紫花苜蓿中的定位。获得甘肃省科技进步二等奖 1 项，授权实用新型专利 13 项。

青藏高原牦牛与黄牛瘤胃甲烷菌多样性研究

课题类别： 中央级公益性科研院所基本科研业务费专项资金项目

项目编号： 1610322015009　　**起止年限：** 2015-01—2015-12

资助经费： 10 万元

主持人及职称： 丁学智 副研究员

参　加　人： 阎　萍　梁春年　郭　宪　王宏博

摘要： 本研究利用克隆库的方法对比放牧条件下牦牛与黄牛瘤胃甲烷菌种群多样性，并结合挥发性脂肪酸等瘤胃发酵特性，通过 QIIME 和 R 等软件进行多样性和相关性分析，研究导致青藏高原反刍家畜，尤其是牦牛适应高寒条件的特殊微生物群落特征。牦牛与黄牛瘤胃甲烷菌的组成具有显著差异，根据香农指数分析，放牧条件下牦牛瘤胃甲烷菌多样性显著高于黄牛，为解释牦牛低甲烷排放行为提供了一定的基础；试验发现牦牛与黄牛这两大反刍家畜瘤胃甲烷菌大多数为未知甲烷菌 TALC（牦牛：81.34% vs 黄牛 63.72%）；发现 TALC 这一未知甲烷菌在反刍动物瘤胃中的大量分布还属首次；为了适应青藏高原严酷的生活环境，牦牛进化了特有的瘤胃微生物生态系统。虽然，放牧条件下自由采食可能成为试验的限制因素。但是试验仍然为理解青藏高原反刍动物瘤胃生态系统并进一步探索甲烷排放机理提供了良好的基础。

发酵黄芪多糖对小鼠外周血树突状细胞体外诱导影响

课题类别： 中央级公益性科研院所基本科研业务费专项资金项目

项目编号： 1610322015010　　**起止年限：** 2015-01—2015-12

资助经费： 10 万元

主持人及职称： 李建喜 研究员

参　加　人： 张景艳　王旭荣　王　磊

摘要： 进一步优化发酵黄芪多糖、黄芪多糖的提取、纯化工艺，制备细胞试验用多糖。采用腹腔注射 OVA，收获小鼠致敏脾细胞，并通过 MTS、ELISA 检测方法评价发酵黄芪多糖对小鼠骨髓源树突状细胞抗原递呈能力的影响。结果表明：从培养 1~5d 细胞体积逐渐增大、形态由圆形分化至不规则，大部分单核细胞逐渐向树突状细胞分化，少部分分化为巨噬细胞；第5d时，单核细胞浓度为77.3%，10ng/mL LPS作用24h，可诱导小鼠外周血单核细胞成功分化出表面可见较长突起的成熟树突状细胞；确定FAPS诱导分化小鼠外周学树突状细胞的最佳作用浓度和时间为100μg/mL，24h；采用石油醚加热回流黄芪、发酵黄芪产物可有效去除脂类物质，提取后生药黄芪多糖、发酵黄芪多糖的纯度分别为79.8、83.5%；发酵黄芪多糖添加浓度为50~100μg/mL，可以明显促进小鼠DC细胞的成熟，提高其抗原递呈能力。申请发明专利2项，发表论文5篇。

牦牛乳铁蛋白的蛋白质构架研究

课题类别：中央级公益性科研院所基本科研业务费专项资金项目

项目编号：1610322015011　　**起止年限：**2015-01—2015-12

资助经费：10万元

主持人及职称：裴　杰 助理研究员

参　加　人：阎　萍　梁春年　郭　宪　褚　敏

摘要：研究对多个牦牛的LF基因的编码区进行了克隆，将其与奶牛的相应序列进行了比对，确定了牦牛与奶牛相比LF蛋白的氨基酸突变位点；将牦牛LF基因进行密码子优化后，转入毕赤酵母表达菌X-33细胞中，选取阳性克隆进行表达，使牦牛LF蛋白在X-33细胞中成功分泌表达；对LF蛋白和Lfcin三种多肽进行抑菌实验，确定了蛋白和多肽的抑菌能力与抑菌浓度；检测了奶牛和牦牛LF蛋白在不同组织中的表达量。授权发明专利1项，实用新型专利5项，发表SCI文章1篇。

基于放正相关理论的气分证家兔肝脏差异蛋白组学研究

课题类别：中央级公益性科研院所基本科研业务费专项资金项目

项目编号：1610322015012　　**起止年限：**2015-01—2015-12

资助经费：10万元

主持人及职称：张世栋 助理研究员

参　加　人：严作廷　王东升　董书伟

摘要：本项目开展了家兔气分证模型及白虎汤干预模型后动物肝组织中差异表达蛋白（DEPs）的研究。实验分为对照组（CN）、模型组（LPS）、白虎汤治疗组（LPS+BHT/LB）和白虎汤组（BHT）。使用iTRAQ技术在肝脏组织中共鉴定到2 798个蛋白。利用生物信息学对蛋白定量结果分析显示，与对照组比较，各组DEPs分别为63、109、38（表达倍数>1.5或<0.5）。对各组动物差异表达蛋白的生物信息学分析结果表明，核糖体通路是差异表达蛋白主要涉及的生物学信号通路。对各组动物外周血血清细胞因子含量检测结果显示，模型组动物血清CRP、C3、S100、IL-6、TNF-α、IL-1β、IgG、IgM、IgA水平显著升高，白虎汤的干预可显著降低这些蛋白因子的含量；而C4和IL-13的血清水平在各组动物中没有显著变化。差异蛋白相互作用网络构建比较结果显示，白虎汤干预模型组中涉及到最多通路，其主要的节点蛋白有LYZ，LTF，LCN2。发表论文2篇，其中SCI 1篇。

阿司匹林丁香酚酯的降血脂调控机理研究

课题类别：中央级公益性科研院所基本科研业务费专项资金项目

项目编号：1610322015013　　**起止年限：**2015-01—2015-12

资助经费：10万元

主持人及职称：杨亚军 助理研究员

参　加　人：李剑勇　李世宏　刘希望

摘要：以高脂日粮成功复制了大鼠高脂血症病理模型，相比于模型组，低、中、高剂量的AEE对TG、TC和LDL等指标都有显著的改善作用，而且高剂量的AEE对HDL也有显著的改善作用。AEE的降血脂作用，也优于对照药物阿司匹林、丁香酚、阿司匹林+丁香酚（摩尔比为1：1）、辛伐他丁等。在实验条件下，AEE对大鼠高脂血症的最佳给药方案为54mg/kg，灌服给药，每日一次，连续给药5周。另外，建立了基于液相色谱-精确质量飞行时间质谱的血清代谢组学研究方法，对大鼠的盲肠微生物菌群组成进行了16SrDNA检测，为后续的AEE降血脂调控机理研究奠定了基础。发表论文2篇，其中SCI 1篇。

基于单细胞测序研究非编码RNA调控绵羊刺激毛囊发生的分子机制

课题类别：中央级公益性科研院所基本科研业务费专项资金项目

项目编号：1610322015014　　**起止年限：**2015-01—2015-12

资助经费：10万元

主持人及职称：岳耀敬 助理研究员

参　加　人：杨博辉　冯瑞林　刘建斌　袁　超

摘要：完成实验群体甘肃高山细毛羊群体组建，表型、生理生化指标测定和样品采集；从皮肤组织中获得匀质性的次级毛囊组织，建立了毛囊单细胞提取超微量RNA技术。首次开展绵羊lncRNA研究，筛选到635个lncRNA；初步研究表明lncRNA参与毛囊形态发生过程，由基板前期到基板期共获得了204个差异转录本，其中差异mRNA 194个，lncRNA 10个。其中上调mRNA67个、lncRNA 4个，下调mRNA 127个、lncRNA 6个。应用CRISPR-Cas9系统创制了XLOC005698、oar-miR-3955-5p基因敲除羊。发表论文4篇，其中SCI论文2篇，培养研究生2名。

基于地面观测站的生态环境监测与利用

课题类别：中央级公益性科研院所基本科研业务费专项资金项目

项目编号：1610322015015　　**起止年限：**2015-01—2015-12

资助经费：50万元

主持人及职称：李润林 助理研究员

参　加　人：董鹏程

摘要：利用农业部兰州黄土高原生态环境重点野外科学观测试验站观测收集了温度、降雨量、日辐射量、无霜期等气象观测数据，分析黄土高原干旱区生态环境气象因子的日变化、旬变化和月变化，发现夏季温度增加迅速，极端高温日天数延长，降水量分布不均匀，冬季温度较高，导致无霜期时间缩短，形成暖冬。极端低温日天数延长，霜冻提前，降雪量天数减小，最大积雪深度（毫米）减小。此项目为研究气候变化对黄土高原干旱区生态环境变化提高参考，为分析黄土高原干旱区生态环境变化气象因子的年际变化特征提供依据。授权实用新型专利5项，发表论文1篇。

甘肃省奶牛养殖场面源污染监测

课题类别：中央级公益性科研院所基本科研业务费专项资金项目

项目编号：1610322015017　　**起止年限：**2015-01—2015-12

资助经费：30万元

主持人及职称：郭天芬 高级实验师

参　加　人：高雅琴　杜天庆　李维红

摘要：选择了兰州秦王川奶牛试验场作为本试验的监测点。分春、夏、秋、冬四个季节分别采集粪样（包括新鲜粪便、堆肥前、堆肥后和堆肥成品）和污水样品（包括原始进水、处理前污水和处理后出水）进行分析监测。粪样中分别监测含水率、有机质、挥发性固体、全氮、全磷、汞、砷、铅，污水样品中分别监测 pH 值、COD、氨氮、总氮、总磷、铅、砷、汞。通过本项目一年的研究，初步了解到甘肃省奶牛养殖场面源污染现状及污染水平。目前，获得 680 个检测数据，为国家监管提供技术支撑。申请发明专利 1 项，授权实用新型专利 7 项。

四、科研成果、专利、论文、著作

（一）获奖成果

奶牛主要产科病防治关键技术研究、集成与应用

获奖名称和等级：甘肃省科技进步二等奖

主要完成单位：中国农业科学院兰州畜牧与兽药研究所

主要完成人：李建喜　杨志强　王旭荣　张景艳　王　磊　李新圃　冯　霞　王学智
崔东安　罗金印　李宏胜　李世宏　孟嘉仁

任务来源：国家计划，部委计划

起止时间：2007-01—2014-12

内容简介：该成果属兽医领域奶牛疾病防治方向。通过项目实施，建立了乳汁体细胞数—标志酶活性—PCR 细菌定性的奶牛乳房炎联合诊断技术，研发出首个具有国家标准的奶牛隐性乳房炎诊断技术 LMT，创制了 1 种有效防治隐性乳房炎的新型中兽药，制定了乳房炎致病菌分离鉴定国家标准，组装出以 DHI 监测、LMT 快速诊断、定量计分、细菌定期分析为主的奶牛乳房炎预警技术。制定了奶牛子宫内膜炎的诊断判定标准，完成了我国西北区奶牛子宫内膜炎病原菌流行调查和药分析，首次从该病病牛子宫黏液中分离到致病菌鲍曼不动杆菌，发现了 2 种具有防治子宫内膜炎的植物精油，防治子宫内膜炎新型中兽药“益蒲灌注液”获得了国家新兽药证书。确定了奶牛胎衣不下中兽医学诊断方法，建立了中兽药疗效评价标准，创制出 1 种有效治疗胎衣不下的新型中兽药复方“宫衣净酊”。利用 CdCl2 诱导技术建立了能中药的不孕症大鼠模型，完成了奶牛不孕症血液相关活性物质分析研究，首次报道了可用于奶牛不孕症风险预测及辅助诊断的 3 个标识蛋白 MMP-1、MMP-2 和 Smad-3，发现了 1 种能治疗不孕症的中兽药小复“益丹口服液”。建成了“国家奶牛产业技术体系疾病防控技术资源共享数据库”，获国家软件著作权，分别制定了我国奶牛乳房炎、子宫内膜炎和胎衣不下综合防治技术规程。

该项目创制新产品 4 个，新兽药证书 1 个；1 项国家农业行业标准，3 项授权和 2 项受理国家发明专利，5 项授权实用新型专利，32 篇科技论文，SCI 收录 6 篇，4 部著作；培养 1 名博士后、2 名博士和 3 名硕士、3 名技术骨干。为我国奶牛健康养殖提供了重要技术支撑和产品保障，对提高饲料报酬和净化养殖环境具有重要意义，提质增效效果显著。

依托国家奶牛产业技术体系试验站，分别在甘肃、陕西、宁夏、山西、内蒙古和黑龙江等地，对相关技术成果进行了示范推广，规模达 168 万头次，培训技术人员 3 000多人次，全程约产生经济效益 103 328.0万元，取得了明显的生态和社会效益。

西北干旱农区肉羊高效生产综合配套技术研究与示范

获奖名称和等级：甘肃省科技进步三等奖

主要完成单位：中国农业科学院兰州畜牧与兽药研究所
永昌县农牧局
白银市农牧局

主要完成人：孙晓萍　刘建斌　程胜利　岳耀敬　李思敏　张万龙　冯瑞林　郎　侠　杨博辉　郭　健　郭婷婷　焦　硕　张琰武

任务来源：甘肃省科技支撑项目

起止时间：2007-01—2013-12

内容简介：项目属农业类畜牧兽医科学技术领域。通过项目实施，在西北干旱农区以引进品种无角道赛特羊和波德代羊为父本，以小尾寒羊、滩羊和蒙古羊为母本，系统开展了二元、三元优化杂交组合配套试验，筛选出了适合西北干旱农区优质肉羊高效繁育最佳杂交组合配套模式。研究了优质肉羊亲本及19个杂交组合后代群体的遗传结构和分子遗传学基础，集成西北干旱农区优质肉羊种质资源利用、功能基因挖掘、多基因杂交改良、高效配套生产技术研发、生产基地建设等相合的优质肉羊标准规模化养殖及产业化技术体系，筛选出3个可能与生长发育性状关联的分子标记位点，2个可能与繁殖性状关联基因和1个多胎主效基因。研制出了优质肉羊及其杂交后代过瘤胃保护性赖氨酸饲料添加剂和增重中草药饲料添加剂，采用荧光定量PCR方法研究不同水平赖氨对其肝脏和背最长肌IGF-1、GHR基因表达调控机理研究。研制出西北干旱农区生态条件下优质肉羊及其杂种后代选种的动物模型，开发了BLUP育种值估计及计算机模型简体中文操作系统，并对其生产性能进行综合评估。研究肉羊高效繁殖调控技术，推广人工授精和双胎苗技术及微量元素舔砖等高效饲养管理技术，优化日粮配方5个、育肥颗粒料配方4项、精液稀释液配方3项，制定产业化生产技术规范和操作规程7项。发表论文55篇，其中SCI论文7篇，授权国家实用新型专利9项，出版专著1部，培养博士、硕士研究生5名。

本成果为西北干旱农区优质肉羊高效生产综合配套技术的推广应用提供理论和技术支撑。截止2014年底，已大面积推广应用，累计杂交改良地方绵羊160.10万只，出栏肉羊121.14万只，实现新增产值82 399.00万元，新增纯收益9 887.88万元，节支金额75.33万元，白银、永昌两市县年增收金额1 660.54万元。同时，推动了肉羊企业产业化升级及农牧户生产模式的转变和西北干旱农区优质肉羊标准规模化养殖及产业化发展，取得了显著社会效益。

重离子束辐照诱变提高兽用药物的生物活性研究及产业化

获奖名称和等级：甘肃省技术发明三等奖

主要完成单位：中国农业科学院兰州畜牧与兽药研究所

主要完成人：梁剑平　尚若锋　陶　蕾　刘　宇　郝宝成　王学红

任务来源：国家科技支撑计划

起止时间：2005.01—2013-12

内容提要：本项目属新兽药设计的新方法、新技术研究领域。采用国家重大科学工程装置——兰州重离子加速器（HIRFL）产生的不同能量碳、氧离子束进行药物分子改性和菌株诱变。内容包括对一类新兽药“喹烯酮”进行辐照，产生一系列的喹喔啉类衍生物，并筛选出新的具有抗菌、增重等生物活性的“喹羟酮”。通过化学合成、药理药效学和临床试验等研究，已申报为饲料料添加剂（甘饲添字［2005］038012）在全国范围内进行了推广应用。利用重离子加速器的碳离子束对截短侧耳素产生菌进行辐照诱变研究，筛选出的一株高产菌株K40-3，效价较出发菌株的效价提高了25.3%。同时，对该菌株进行了发酵条件优化。经产业化发酵后产量较原来提高30%左右。以截短侧耳素为原料，经过分子设计、化学合成出该类衍生物34个，并筛选出具有抗菌活性较好的化合物1个。通过本项目的研究，获国家发明专利7项，发表论文51篇，其中16篇被SCI收录。

本项目首次开展了重离子束辐照兽用药物的分子改性及菌株诱变育种研究。采用该方法提高化合物的生物活性，是一种寻找新药的新颖而有效的途径，能大大加快新兽药研发的步伐。故本项目无论是方法与技术创新，还是化学结构与应用创新，都是一项具有开创意义的工作。

目前，喹羟酮作为饲料料添加剂已在全国范围内推广应用，用于促生长，提高饲料利用率和预防幼畜腹泻，提高幼畜、禽的成活率等。高产菌株 K40-3 经过培养条件的筛选及发酵工艺的优化，已在国内 4 家企业用于工业化发酵生产截短侧耳素，取得了较好的经济和社会效益。

益蒲灌注液的研制与推广应用

获奖名称和等级： 甘肃省农牧渔业丰收一等奖

兰州市科技进步二等奖

主要完成单位： 中国农业科学院兰州畜牧与兽药研究所

中国农业科学院中兽医研究所

主要完成人： 苗小楼　王　瑜　尚小飞　潘　虎　陈化琦　杨建春　王宝东　汪晓斌

焦增华　马金保　孙秉睿　王兴堂　任殿玉　何建斌　李升桦

任务来源： 部委计划，行业专项

起止时间： 2007-01—2012-12

内容简介： 完成了奶牛子宫内膜炎治疗药“益蒲灌注液”药理、毒理、药学、质量标准、工艺研究、中试、临床等试验，研发出拥有独立自主知识产权的治疗奶牛子宫内膜炎的纯中药制剂“益蒲灌注液”。2013 年取得国家 3 类新兽药注册证书，并于 2014 年取得兽药生产批准文号，在全国大面积推广应用。“益蒲灌注液”是我国在治疗奶牛子宫内膜炎方面取得的第一个新兽药注册证书和兽药生产批准文号的的纯中药子宫灌注剂。与抗生素、激素等同类产品相比，具有疗效相等且不产生耐药性、治疗期间不弃奶、不影响食品安全和公共卫生及情期受胎率高等特点。

“益蒲灌注液”治疗奶牛子宫内膜炎的推广应用，以及奶牛子宫内膜炎综合防治措施和奶牛主要疾病防治技术的推广应用，不仅有效地治疗奶牛子宫内膜炎、降低奶牛主要疾病的发病率、减少弃奶、降低奶牛饲养管理和生产成本，提高奶业效益，增加奶农收入；而且对公共卫生和食品安全具有重要意义。

2012—2014 年，在甘肃、河北廊坊、青海、内蒙古自治区（以下称内蒙古）等地奶牛养殖场进行“益蒲灌注液”治疗奶牛子宫内膜炎的推广应用，共收治患子宫内膜炎奶牛 2.88 万余头，治愈率达到 85%以上，总有效率达到 93%以上，隐性子宫内膜炎的治愈率为 100%，3 个情期内的受胎率达到 93%以上。同时开展奶牛子宫内膜炎综合防治措施和奶牛主要疾病防治技术的推广应用，使奶牛子宫内膜炎的发病率降低了 8.9%，奶牛乳房炎降低了 12%，奶产量明显增加，在节约饲养管理成本的同时还增加了奶牛场的收入，已经获得经济效益 11 890.56万元，未来 4 年内还可能产生经济效益 32 275.67万元，经济效益明显。

甘南牦牛良种繁育及健康养殖技术集成与示范

获奖名称和等级： 甘肃省农牧渔业丰收二等奖

主要完成单位： 中国农业科学院兰州畜牧与兽药研究所

合作市畜牧工作站

夏河县畜牧工作站

玛曲县阿孜畜牧科技示范园区

主要完成人： 梁春年　郭　宪　包鹏甲　丁学智　阎　萍　喻传林　东智布　姬万虎

石生光　杨胜元　杨　振　訾云南　庞生久

任务来源： 国家计划，甘肃省重大专项

起止时间： 2011-01—2014-12

内容简介：本成果是在甘肃省科技重大专项计划项目和国家肉牛牦牛产业技术体系牦牛选育岗位资助下完成的。成果建立了由育种核心群、扩繁群（场）、商品生产群三部分组成的甘南牦牛繁育技术体系，使良种甘南牦牛制种供种效能显著提高。建立了甘南牦牛良种繁育基地2个，组建甘南牦牛基础母牛核心群5群1 075头，种公牛82头，种公牛后备群2群320头，累计生产甘南牦牛良种种牛2 600头。建立牦牛改良示范基地4个，示范点20个。大通牦牛与甘南牦牛杂交F1代生产性能显著提高，产肉性能提高10%以上，累计改良牦牛33.55万头。

在测定牦牛生产性能的基础上，克隆鉴定牦牛产肉性状功能基因，并分析结构和功能，与生产性能进行关联分析，寻找遗传标记位点，挖掘牦牛基因资源，与传统育种技术有机结合，建立了甘南牦牛分子育种技术体系。通过遗传改良和健康养殖技术有机结合，调整畜群结构、改革放牧制度、实施营养平衡调控和供给技术，示范带动育肥牦牛34 000头。组装集成了牦牛适时出栏、补饲、暖棚培育、错峰出栏、牧区饲草料种植、粗饲料加工调制、驱虫防疫等技术，边研究边示范，边集成边推广，综合提高牦牛健康养殖水平，增加养殖效能。

项目实施期，新增经济效益19 870.5万元。未来3年预计产生经济效益22 400万元。通过项目实施，培训农技人员16场（次）1 200余人（次）。制定了国家标准《甘南牦牛》（报批稿）和农业行业标准《牦牛生产性能测定技术规范》（报批稿），甘肃省地方标准《甘南牦牛健康养殖技术规范》1项。发表文章18篇，出版专著2部，培养研究生5名，授权发明专利1项，授权实用新型专利10项。成果对促进甘南牦牛业的发展及生产性能的提高，改善当地少数民族人们的生活水平，繁荣民族地区经济，稳定边疆具有重要现实意义，其经济、社会、生态效益显著。

肉牛养殖生物安全技术的集成配套与推广

获奖名称和等级：甘肃省农牧渔业丰收二等奖

主要完成单位：张掖市动物疫病预防控制中心

中国农业科学院兰州畜牧与兽药研究所等

主要完成人：袁　涛　魏玉明　王　瑜　张文波　韦　鹏　李春佑　孙延林　王　凯

齐　明　李　珊　胡立国　李生静　孔吉有

任务来源：甘肃省科技支撑项目

起止时间：2010-01—2014-12

内容提要：该项目提出了“肉牛养殖生物安全集成技术理论”，并创新16项集成技术；提出了“设计和建造符合北方地区肉牛养殖生物安全要求的肉牛场的技术”，研究并创新确定了肉牛场建场选址的4个景观环境参数；提出了“双列全封闭式透光板暖棚肉牛舍”，研究并创新确定了“四大功能区”布局的生物安全设计参数2个；提出了适合于A级绿色畜产品肉牛生产中使用的绿色饲料添加剂。使用的A级绿色饲料添加剂共6大类167种（类）；提出了“肉牛无公害全混合日粮”，研究与制定了12~18月龄和18~24月龄两阶段配方2个，2年研制与推广肉牛无公害全混合日粮（TMR）160.02万t；提出了“肉牛绿色全混合日粮”，研究与制定了张掖肉牛300~400kg和400~500kg配方2个，研制与推广肉牛绿色全混合日粮（TMR）20.21万吨；研究与制定了“绿色食品张掖肉牛饲养技术规程”DB/1359—2014）等7项创新成果。

“阿司匹林丁香酚酯”的创制及成药性研究

获奖名称和等级：兰州市技术发明三等奖

主要完成单位：中国农业科学院兰州畜牧与兽药研究所

主要完成人：李剑勇　刘希望　杨亚军　张继瑜　周绪正　李　冰

任务来源：部委计划

起止时间： 2006.01—2015-06

内容提要： 本项目属农业类畜牧兽医科学领域，为防治家畜宠物疾病的新兽药候选药物阿司匹林丁香酚酯（AEE）的创制及其成药性研究。项目主要开展以下研究。AEE 的设计、合成及制备工艺研究。以具有多种药理活性的丁香酚和传统药物阿司匹林为原料，通过结构拼合，合成出新型药用化合物 AEE。对化合物结构进行了波谱鉴定，优化了制备工艺。授权国家发明专利 1 项，申请国家发明专利 1 项。AEE 的制剂学研究。研究筛选了适用于 AEE 的药物剂型，首次制备了原料药的纳米乳制剂，建立了片剂、栓剂的制备方法，各种剂型的研制为该药物在畜牧养殖和宠物饲养领域的应用提供了物质基础。授权国家发明专利 1 项，申请国家发明专利 1 项。AEE 的药理学研究。对 AEE 的药理学进行了系统研究，结果表明，AEE 较原药阿司匹林和丁香酚的稳定性好，刺激性和毒副作用小，具有持久和更强的抗炎、镇痛、解热、抗血栓及降血脂作用，是一种新型、高效的兽用化学药物候选药物。AEE 的毒理学研究。系统全面的对 AEE 进行了毒理学研究，包括急性毒性、长期毒性、特殊毒理学（致突变、致畸、生殖毒性）研究，结果显示该化合物实际无毒，可长期使用。本项成果申报国家发明专利 4 项，授权 2 项；发表相关学术论文 18 篇，其中 SCI 收录 7 篇。

AEE 为高效、安全、低毒的动物专用化学药物候选药物，适用于畜牧养殖业和宠物饲养业，可作为家畜、宠物感染性疾病、普通疾病的辅助治疗药物，也可降血脂、降血压，作为宠物肥胖症及老年病的防治药物。在家畜养殖场及宠物医院推广使用效果显著，产生经济效益 437.1 万元。

农业纳米药物制备新技术及应用

获奖名称和等级： 中华农业科技二等奖

主要完成单位： 中国农业科学院农业环境与可持续发展研究所
深圳诺普信农化股份有限公司
中国农业科学院兰州畜牧与兽药研究所等

主要完成人： 崔海信　李谱超　张继瑜　景志忠　周文忠　刘国强　宁　君　曹明章　吴东来　孙长娇　王　琰　李　正　崔　博　赵　翔　刘　琪

任务来源： 部委计划

起止时间： 2003.12—2012-12

内容提要： 本成果针对农药、兽药与疫苗制剂所存在的有效利用率低、毒副作用和残留污染等突出问题，在“863”重大项目等课题支持下，采用纳米技术与新材料等前沿科技方法开展多学科交叉研究，系统地突破了提高传统农兽药有效性和安全性的关键技术瓶颈，创造了高效与低残留农业纳米药物制备技术与系列新产品。针对大吨位、主流农兽药功能化合物的理化性质与功能特性，采用分子组装、复合改性和化学修饰等纳米材料制备技术，合成与筛选了一批低成本、无毒性与次生污染的纳米载体、助剂和佐剂，构建了纳米微乳、微囊、微球和固体脂质体等新型、高效的载药系统，揭示了利用其小尺寸和界面效应以及智能传输与控释作用提高靶向传输效率、延长持效期和增强药效功能的作用机制，创立了高效与低残留的纳米农兽药制备模式、载体组装、结构调控与功能修饰方法，突破了提高农兽药有效利用率和降低毒性与残留等关键技术瓶颈。发明了水基化纳米乳剂与纳米微囊缓释剂等纳米农药制备技术，创制了 35 种大吨位与主导型的杀虫剂、杀菌剂和除草剂纳米农药新产品，突破了传统农药制剂有效利用率低、大量使用有机溶剂与助剂等关键技术瓶颈。在主要粮食、蔬菜、果树和经济作物的病虫草害防治获得了广泛应用。作为乳油、可湿性粉剂等传统农药替代产品，显著改善了农药叶面沉积、滞留与控释性能，可以抑制液滴滚落、粉尘飘移、淋溶分解等药剂损失，提高有效利用率 30%以上，杜绝“三苯”等有害溶剂排放，降低农产品残留与环境污染。发明了纳米乳注射剂、固体脂质体等纳米兽药制备技术，创制了阿维菌素类、青蒿琥酯、替米考星等广谱抗微生物纳米兽药新产品。突破了传统剂型药物溶解性、稳定性和长效性差，溶剂与助剂毒副作用与残留危害大等技术难题。其中，青蒿琥酯和阿维菌素类纳米乳以水取代传统制剂中80%有机溶剂，首次攻克水溶性问题。替米考星脂质体纳米制剂实现了肺靶向性，生物利用度提高40%以上。发明了缓释靶向纳米佐剂制备技术，构建了重组质粒和脂质体纳米载药系统，首创了CpG DNA、CpG-IFN、CpG-IL4和IL2等纳米免疫佐剂与疫苗系列产品，突破了传统兽用疫苗免疫持续期短、效果不全面、佐剂毒副作用大等瓶颈问题。克服了口蹄疫、猪瘟和猪圆环病毒病等疫苗免疫功能缺陷，提高了以Th1型为主的免疫反应，免疫效果增强40%以上，持效期延长30%以上，显著降低毒副作用。CpG DNA纳米免疫佐剂高效口蹄疫疫苗已在全国范围内示范推广和应用。

本成果获26项授权发明专利，发表学术论文132篇，35种纳米农兽药新产品取得国家登记证书，填补了国内外多项相关技术与产品空白。核心技术与产品已被20家相关企业实施产业化开发，近三年累计新增产值20亿元，获间接经济效益390亿元。其中，纳米农药累计推广面积4.78亿亩，纳米兽药与疫苗产品累计推广9 270万头份。部分研究成果分别获省部级一等奖1项、二等奖3项。

中药提取物治疗仔猪黄白痢的试验研究

获奖名称和等级：中华农业科技奖科学研究成果三等奖

主要完成单位：甘肃省畜牧兽医研究所

中国农业科学院兰州畜牧与兽药研究所等

主要完成人：郭慧琳　张保军　杨　明　于　轩　容维中　张登基　陈伯祥　朱新强　杨　楠　常　亮

任务来源：甘肃省技术研究与开发专项计划项目

起止时间：2003.07—2010-12

内容提要：本成果为研制低毒、高效、无残留的预防仔猪黄白痢的中药复方注射剂，通过试验筛选出低毒、止泻、退热快的中草药黄连、黄芩、白头翁、秦皮、铁苋菜、四季青、苦参和穿心莲，依其有效成分的性质，对各药有效成分进行提取；通过对各有效成分提取物及各提取物组方进行体外抑菌试验，筛选出制备新制剂的最佳组方，按照制剂学要求制备成pH值7.5~8.0的复方注射剂，通过外观、理化性质、无菌检验、黏膜刺激、肌肉刺激、溶血和热原检查，结果均符合制剂学要求；通过稳定性试验和腹腔注射小白鼠LD_{50}的测定，表明注射剂稳定安全；通过对人工复制仔猪黄白痢的疗效观察试验、疗效对比试验及临床试验，证明复方注射剂对仔猪黄白痢治愈率达98%以上。并在各地州市及养猪场进行临床应用。

本成果获得授权发明专利1项，实用新型专利5项，制定地方标准1项。研制出一种低毒、高效、安全、无残留、治疗仔猪黄白痢的复方注射剂，将复方注射液和临床常用的硫酸庆大霉素注射液、诺氟沙星注射液、头孢噻呋混悬剂注射液、硫酸黄连素注射液和博落回注射液对人工感染的仔猪黄白痢进行疗效对比试验，结果表明复方注射剂的治疗效果最好，治愈率达98.0%，明显优于博落回和硫酸小檗碱两种中草药注射剂，也优于头孢噻呋混悬注射液、硫酸庆大霉素注射液和诺氟沙星注射液。发表论文10篇。

2010—2014年在甘肃武威、张掖、榆中等地推广应用复方注射液，治疗仔猪黄白痢70.3万头，新增纯收益17 387.8万元，取得了显著地经济效益和社会效益。

抗球虫中兽药常山碱的研制与应用

获奖名称和等级：大北农科技奖成果奖二等奖

主要完成单位： 中国农业科学院兰州畜牧与兽药研究所
石家庄正道动物药业有限公司

主要完成人： 郭志廷　刘　宏　罗晓琴　王　玲　徐海城　刘志国　陈宁宁　雷宏东
薛丛丛　陈必琴　杨　珍

任务来源： 部委计划

起止时间： 2009-01—2014-12

内容提要： 鸡球虫病是一种全球流行、无季节性、高发病率和高死亡率的肠道寄生性原虫病。全球每年由本病造成的经济损失高达50亿美元，我国在30亿元人民币以上，其中抗球虫药物费用每年为6亿元左右。本研究表明，从中药常山中提取得到的常山碱具有良好的抗球虫效果和免疫增强活性。目前，本成果已经完成常山碱的临床前研发和中试生产，获得临床试验批件。已实现成果转让，正在和企业联合申报新兽药证书。申请国家发明专利3项（1项已授权），实用新型专利2项；发表核心期刊论文15篇；培养博士研究生1名，硕士研究生5名，培训企业各类技术人员160余人。

本成果应用现代中药分高技术，将中药常山中的常山碱充分提取出来，并首次将常山碱用于防控鸡球虫病，具有抗球虫疗效好、低毒低残留和不易产生耐药性等优点，可以填补目前国内外抗球虫药物的市场空白。常山碱作为一类中药提取物，不仅可以直接杀灭球虫，还可提高机体自身抗感染的免疫力，从而大幅提高药物抗球虫效果和疫苗保护效果；本成果也为今后常山碱治疗畜禽球虫病和疫苗免疫接种提供了免疫学参考。

近3年来，常山碱在河北、甘肃、山东、广西、天津、江西等省（自治区、直辖市）进行了大面积的临床推广应用，共用常山碱散剂500kg，口服液1 000多箱，防治鸡和兔子球虫病5 000多万只，直接和间接经济效益1.8亿多元，受到了广大养殖户和业内人士的一致好评。常山碱正式上市后，可以填补国内外抗球虫药物市场的空白，按上市新药利润30%～35%计算，预计上市三个月将收回全部研究费用及投资，投入生产后每年可获得数亿元的直接经济效益。常山碱是中药提取物，具有安全高效、低毒低残留、不易产生耐药性和提高机体免疫力等优点，不仅对鸡球虫病育良好的杀灭效果，而且对其他动物的球虫病均有良好的防治效果，完全符合我国畜禽产品出口和环境友好的需要，同时对于维护常山药材种质资源的可持续发展以及提升我国中兽药自主研发水平和畜禽产品的国际贸易竞争力意义重大。

（二）畜禽新品种

高山美利奴羊

完成单位： 中国农业科学院兰州畜牧与兽药研究所
甘肃省绵羊繁育技术推广站

品种颁布时间： 2015-12-20

品种证号：（农03）新品种证字第14号

品种颁布单位： 国家畜禽遗传资源委员会

主要完成人： 杨博辉　郭　健　李范文　岳耀敬　王天翔　刘建斌　李桂英　孙晓萍
牛春娥　李文辉　黄　静　冯瑞林　张　军　王学炳　安玉峰　张万龙
陈　灏　郭婷婷　王喜军　刘继刚　王　凯　梁育林　冯明廷　张海明
王建军　刘长明　苏文娟　文亚洲　罗天照　杨剑锋　王丽娟　袁　超
郎　侠　梁春年　王延宏　陈永华　金　智　李吉国　常　伟　汪　磊
刘发辉　何梅兰　马秀山　陈宗芳

简介： 高山美利奴羊（高山毛肉兼用美利奴羊）是以澳洲美利奴羊为父本，甘肃高山细毛羊为母本，由中国农业科学院兰州畜牧与兽药研究所和甘肃省绵羊繁育技术推广站等单位，集成创新现代绵羊先进育种技术，历经20年系统育成的国内外唯一一个适应海拔2 400~4 070m青藏高原高山寒旱生态区的羊毛纤维直径以19.1~21.5μm为主体的毛肉兼用美利奴羊新品种。

高山美利奴羊的生产性能和综合品质达到了国际同类生态区细毛羊的领先水平，填补了我国青藏高原生态区及类似地区羊毛纤维直径以19.0~21.5μm为主体的细毛羊品种空白；育种技术和设备的创新发明领先国内外，突破了利用现代先进育种技术BLUP选择种羊和分子标记技术评估群体遗传稳定性的技术瓶颈，引领了我国细毛羊品种生态差异化的育种方向，实现了澳洲美利奴羊在青藏高原生态区及类似地区的国产化，是世界独特生态区先进羊品种培育的成功范例，是我国细毛羊品种生态差异化培育的典型代表，是藏族、裕固族等少数民族地区农牧民赖以奔小康的当家培育绵羊品种，具有不可替代的生态地位、经济价值和社会意义。

我国羊毛纺织能力约45万t，国内仅能满足约22万t（其中细羊毛8万t），每年进口约23万t（其中以细羊毛为主）。目前我国约有以羊毛纤维直径20.1~23.0μm（64~66支）为主体的细毛羊3 000万只，羊毛偏粗，净毛产量约6万t，但仅有很少量低于21.5μm，不能满足精仿工业对21.5μm细羊毛的需求，细羊毛供给缺口很大，特别是用于精仿的21.5μm以细羊毛主要依赖进口。新品种育成后，在青藏高原生态区及类似地区近5年累计可推广种公羊约4万只，累计改良细毛羊约800万只，改良羊毛纤维直径由21.6~25.0μm（60~64支）降低到19.0~21.5μm（66~70支），体重提高10.0kg/只，这对于满足我国毛纺工业对高档精纺羊毛的需求，缓解我国羊肉刚性需求大的矛盾，保住广大农牧民的生存权、国毛在国际贸易中话语权和议价权，维护青藏高原少数民族地区的繁荣稳定和国家的长治久安等方面均将产生重大影响，具有广阔的推广应用前景。

（三）新兽药证书

射干地龙颗粒

新兽药注册证书号：（2015）新兽药证字17号

注册分类：三类

研制单位：中国农业科学院兰州畜牧与兽药研究所

发证日期：2015-04-10

发证机关：中华人民共和国农业部

主要完成人：郑继方 谢家声　辛蕊华　罗永江　李锦宇　罗超应　王贵波

简介：“射干地龙颗粒”是针对鸡传染性喉气管炎，应用中兽医辨证施治理论、采用现代制剂工艺所研制出的新型高效安全纯中药口服颗粒剂；射干地龙颗粒是从中兽医整体观出发，在《金匮要略》射干麻黄汤的基础上，辨证加减，并根据鸡传染性支气管炎临床症状和病理表现，而开发的中兽药颗粒剂。该制剂治疗产蛋鸡呼吸型传染性支气管炎的效果显著；能够对抗组胺、乙酰胆碱所致的气管平滑肌收缩作用，从而起到松弛气管平滑肌和宣肺的功效；同时能明显减少咳嗽的次数，并能增强支气管的分泌作用，表现出镇咳、平喘、祛痰、抗过敏的作用。

方中射干清热解毒、泄热破结，祛痰利咽、平逆降气，治疗风寒袭肺、痰涎壅盛、气道不畅之咳喘气逆、喉中痰鸣如水鸡声者以及支气管哮喘、慢性气管炎等疗效显著；地龙咸、寒、降、泄，又善走窜，有清热解痉、利水、通络之功。地龙与射干相伍，能增强射干的平喘作用，治传染性支气管炎高热喘息、宿痰内伏诸症功效不凡；地龙还能增强尿素尿酸的排泄，而射干治疗乳糜尿效果显著，两药配伍应用治疗肾病变型传染性支气管炎，药证相合，其功更专，取效甚捷。射干与地龙并用，是治疗风痰瘀阻肺络、热邪壅塞咽喉所致肿痛之主药，用其治疗鸡传染性支气管炎病症尤为适宜，加之所用剂型为颗粒制剂，溶解迅速、吸收更加充分，治疗效果亦能得以充分发挥。射干地龙颗粒由于采用复方整体分离提取，遵从了中药配伍性效原则，利用扩溶干燥制粒技术，使溶质增溶性好，各种药效成分悉数具全，采用本品防治鸡传染性支气管炎，有效率可达85%以上。临床试验表明给药组与空白对照组相比发病率降低23.3%，产蛋率较空白对照组提高11.67%。既提高了临床疗效，又兼顾了中药的性味组方理论，减少药物制剂体积、节约了仓储运输成本，临床使用方便。

苍朴口服液

新兽药注册证书号：（2015）新兽药证字48号

注册分类：三类

研制单位：中国农业科学院兰州畜牧与兽药研究所

发证日期：2015-10-19

发证机关：中华人民共和国农业部

主要完成人：刘永明　王胜义　王　慧　齐志明　刘世祥　王海军　刘治岐　赵四喜　荔　霞　陈化琦　金录胜　张　宏

简介：“苍朴口服液”是中国农业科学院兰州畜牧与兽药研究所针对犊牛虚寒型腹泻病的病因、病理，在传统中兽医理论指导下，结合现代中药药理研究和临床用药研究，通过诊断和治疗研究，研制的治疗犊牛虚寒型腹泻病的纯中药口服液，该药使用方便，临床疗效确实，治疗效果优于或等于同类产品，平均治愈率为84.06%，总有效率为93.24%。

（四）发明专利

专利名称：一种具有免疫增强功能的中药处方犬粮

专利号：ZL201210156945.3

发明人：陈炅然　王　玲　崔东安

授权公告日：2015-03-04

摘要：本发明公开一种宠物成年犬用的保健食品。本发明是在常用的宠物粮中添加一定量的由黄芪、防风、茯苓、白术、当归、五味子和甘草等构成的一组中药复方，使这种宠物犬粮具有扶本固正、健脾生津、补肝益肾的保健功效，可增加宠物食欲，提高宠物抵抗多种疾病的能力，减少宠物应激反应，增强免疫功能。适用于传染病亚临床感染期，抗感染治疗时辅助治疗。

专利名称：一种提高藏羊繁殖率的方法

专利号：ZL201310171815.1

发明人：郭　宪　阎　萍　丁学智　保善科　梁春年　扎西塔　王宏博　裴　杰　包鹏甲

授权公告日：2015-09-02

摘要：本发明涉及一种提高藏羊繁殖率的方法，包括：分别在3个不同配种时间控制点进行配种、3个不同产羔时间控制点进行产羔、3个不同断奶时间控制点进行断奶；所述配种、产羔和断奶时间点之间实施繁育配套措施；所述3个配种时间控制点分别是3月、10月和翌年6月；所述繁育配套措施包括配种公羊补饲、基础母羊营养调控和断奶羔羊育肥。本发明技术与方法全面，操作方便，能充分发挥能繁母羊的繁殖潜能，可实现藏羊2年3产，增加藏羊的数量，有效提高藏羊的繁殖效率，宜于在藏羊选育与生产中使用。

专利名称：一种体外生产牦牛胚胎的方法

专利号：ZL201210206870.5

发明人：郭　宪　阎　萍　丁学智　裴　杰　包鹏甲　梁春年　褚　敏　朱新书

授权公告日： 2015-08-19

摘要： 本发明公开了一种体外生产牦牛胚胎的方法，由下述时间点控制：卵巢保存时间0~3h，卵母细胞成熟时间27~28h，成熟卵母细胞体外受精时间16~18h，受精卵培养时间144~168h。并提供了牦牛卵母细胞成熟液、卵母细胞体外受精液的基本组成，确保体外生产胚胎的质量和效率，防止卵母细胞不完全成熟或多精受精。该技术与方法全面，可完全应用于牦牛胚胎体外生产，能够有效提高牦牛的繁殖效率，保护牦牛种质资源。

专利名称：抗喹乙醇单克隆抗体及其杂交瘤细胞株、其制备方法及用于检测饲料中喹乙醇的试剂盒

专利号： ZL201310053673.9

发明人： 李建喜　张景艳　王　磊　杨志强　张　凯　王学智　张　宏　秦　哲　孟嘉仁

授权公告日： 2015-01-07

摘要： 本发明公开了一种具有高效价及灵敏度的高特异性抗喹乙醇单克隆抗体，并公开了能够生产抗喹乙醇单克隆抗体的具有保藏号为CGMCCNo.6260的杂交瘤细胞株、其制备方法及用于检测饲料中喹乙醇的试剂盒。本发明的有益效果为：本发明提供的抗喹乙醇单克隆抗体具有较高特异性和灵敏度，并且线性范围大，能够用于建立快速检测饲料中喹乙醇非法添加的免疫学方法，其应用方法为间接竞争ELISA酶联免疫试剂盒与胶体金试纸条，该方法对仪器设备和人员操作的要求较低，检测成本低，能够满足对大批量饲料样品检测的需要。

专利名称：一种预防和治疗奶牛隐性乳房炎的中药组合物及其应用

专利号： ZL201310179168.9

发明人： 李建喜　杨志强　王旭荣　王学智　王　磊　张景艳　张　凯　孟嘉仁　秦　哲

授权公告日： 2015-04-01

摘要： 本发明公开了一种预防和治疗奶牛隐性乳房炎的中药组合物，由以下重量份的组分制备完成：蒲公英30~45份；王不留行15~25份；淫羊藿20~30份；黄芪多糖3~4份；赤芍20~25份；丹参20~25份；甘草10~15份。本发明的中药组合物具有药物稳定性好、治疗效果显著的优点。

专利名称：一种中药组合物及其制备方法和应用

专利号： ZL201310167878.X

发明人： 李建喜　谢家声　王学智　崔东安　杨志强　孟嘉仁　张　凯　张景艳　王　磊　秦　哲　王旭荣

授权公告日： 2015-05-26

摘要： 本发明公开了一种中药组合物，所述中药组合物包括以重量份计的以下原料药：急性子20~80份，益母草20~60份，当归15~45份，桃仁15~45份，红花20~30份，没药15~60份，川牛膝15~30份，车前子10~35份，香附15~60份，干姜10~25份。本发明的有益效果为：本发明针对产后奶牛多虚多瘀的病理生理特点，在对奶牛胎衣不下进行辨证分型，总结出其总病机理血瘀的基础上，通过各药的配伍组合，达到活血化瘀、利水消肿的功效，可通过调节子宫活动，恢复其正常收缩，改善机体血液循环，消除胎盘绒毛的充血、瘀血，以利于绒毛中血液的排出，降低血管壁的通透性，抑制水肿、炎症，使腺窝内压力下降，胎衣得以脱落。

专利名称：嘧啶苯甲酰胺类化合物及其制备和应用

专利号： ZL201210072942.1

发明人：李剑勇　刘希望　杨亚军　张继瑜　张　晗　周绪正　李　冰　魏小娟　牛建荣

授权公告日：2015-03-11

摘要：本发明公开了一种嘧啶苯甲酰胺类化合物，其结构通式为：将定量的取代苯甲酰氯冰浴滴加到取代氨基嘧啶的无水吡啶溶液中，室温搅拌过夜，TLC 跟踪检测反应完全后，减压除去多余吡啶，残余物用石油醚和乙酸乙酯或者二氯甲烷和丙酮梯度洗脱，通过硅胶柱层析分离纯化，得嘧啶苯甲酰胺类化合物。本发明的实验证实，制备的化合物对艰难梭菌具有显著的抑制效果。以该化合物为活性成分，可制备成抗艰难梭菌的抗菌药物，可用于临床预防和治疗艰难梭菌引发的疾病，对公共卫生意义重大，具有广阔的应用前景。

专利名称：一种防治仔猪黄、白痢的中药组合物及其制备和应用

专利号：ZL201310301888. 8

发明人：李锦宇　罗超应　谢家声　韩　霞　王贵波　郑继方　罗永江　辛蕊华

授权公告日：2015-04-15

摘要：本发明公开了一种防治仔猪黄、白痢的中药组合物，由以下重量份的组分制备完成：藿香 200±20 份；党参 180±10 份；白术 100±10 份；马齿苋 100±10 份；半夏 100±10 份；茯苓 100±10 份；乌梅 100±10 份；生姜 60±5 份；炙甘草 60±5 份。本发明的防治仔猪黄、白痢的中药组合物具有治愈率高、毒副作用小、不易产生耐药性的优点。

专利名称：一种无角牦牛新品系的育种方法

专利号：ZL201310275714. 9

发明人：梁春年　阎　萍　丁学智　郭　宪　王宏博　包鹏甲　刘文博　朱新书

授权公告日：2015-09-30

摘要：本发明公开了一种无角牦牛新品系的培育方法，对选育区的牦牛群体进行普查，主要包括牦牛角的有无，体形结构，外貌特征；对普查的牦牛选择外貌基本一致，无角，性状相似母牛打号、登记，建立档案，组建基础母牛群；对选留的基础母牛群采用优秀的无角公牦牛进行杂交，并对其后代进行测定和选留；用分子标记辅助选择技术的方法加快品系育种进程，用群体继代选育的方法通过 3~4 个世代横交固定，获得无角牦牛新品系。新品系相比家牦牛具有产肉性能好，繁殖率高，适应环境能力强的优点。

专利名称：一种喹烯酮衍生物及其制备方法和应用

专利号：ZL201310066005. X

发明人：梁剑平　张　铎　陶　蕾　郝宝成　刘　宇　王学红　尚若峰　郭文柱　郭志廷
华兰英　赵凤舞

授权公告日：2015-03-25

摘要：本发明属于兽药领域，提供一种喹烯酮衍生物。该喹烯酮衍生物具有如下化学结构式：O O CHOOH 。该喹烯酮衍生物与喹烯酮相比，水溶性和抑菌活性得到明显提高，其毒性与喹烯酮几乎一致，但毒性显著地弱于喹乙醇，该化合物能明显地提高畜禽的日增重量，其生物利用度、生长率明显高于相同添加量的喹烯酮，是一种安全可靠的饲料添加剂。

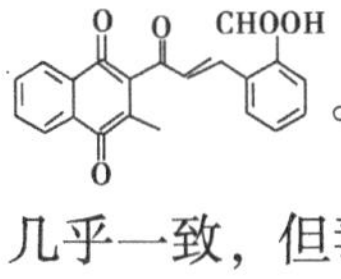

专利名称：青藏地区奶牛专用营养舔砖及其制备方法

专利号：ZL201210084921. 1

发明人：刘永明　齐志明　王胜义　刘世祥　潘　虎　荔　霞

授权公告日：2015-04-08

摘要：本发明公开一种专门用于青藏地区奶牛的专用营养舔砖及其制备方法。本发明的青藏地区奶牛专用营养舔砖的组份及配方重量比为：食盐，膨润土，含铜质量比25%的硫酸铜，含锌质量比34.5%的硫酸锌，含锰质量比31.8%的硫酸锰，含钾质量比2%的碘化钾，含钠质量比1%的亚硒酸钠，含钴质量比1%的氯化钴，含铁质量比30%的硫酸亚铁，糖蜜80~130份。

专利名称：一种酰胺类化合物及其制备方法和应用

专利号：ZL201410161245.2

发明人：刘　宇　郝宝成　梁剑平　尚若峰　王学红　程富胜　华兰英

授权公告日：2015-03-25

摘要：本发明公开一种酰胺类化合物，所述酰胺类化合物具有如下化学结构式：

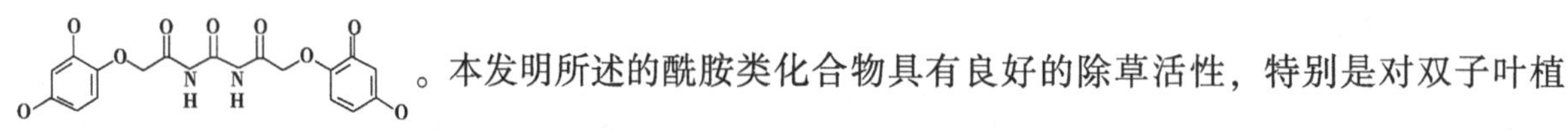

。本发明所述的酰胺类化合物具有良好的除草活性，特别是对双子叶植物杂草的除草活性显著优于单子叶植物杂草。其制备方法操作简单，收率高。

专利名称：牛ACTB基因转录水平荧光定量PCR检测试剂盒

专利号：ZL201310252707.7

发明人：裴　杰　阎　萍　郭　宪　包鹏甲　郎　侠　梁春年　褚　敏　冯瑞林

授权公告日：2015-06-10

摘要：本发明公开了一种牛ACTB基因转录水平荧光定量PCR检测试剂盒，试剂盒由2×SYBR GREEN MIX，引物混合液、标准ACTB基因模板和超纯水组成。本发明可以准确的测定ACTB基因的转录水平，并具有高度的特异性。扩增曲线结果表明ACTB基因荧光信号值符合标准的“S”型曲线，熔解曲线表明该荧光定量具有高度的检测专一性。

专利名称：一种牦牛专用浓缩料及其配制方法

专利号：ZL201310060710.9

发明人：王宏博　阎　萍　郎　侠　梁春年　郭　宪　朱新书

授权公告日：2015-02-04

摘要：本发明公开了一种牦牛专用浓缩料及其配制方法，该牦牛专用浓缩料各原料组成为：向日葵仁粕，菜籽粕，尿素，骨粉，微量元素添加剂，食盐。本发明的技术方案不仅可保证牦牛安全度过冬春季，而且可保证牦牛妊娠期的营养供给，提高牦牛犊牛的出生成活率和出生重；同时可提高当年断奶犊牛成活率。

专利名称：一种防治奶牛产前产后瘫痪的高钙营养舔砖及其制备方法

专利号：ZL201410031374.X

发明人：王　慧　齐志明　刘永明　王胜义　陈化琦　李胜坤　刘治岐

授权公告日：2015-05-20

摘要：本发明公开了一种防治奶牛产前产后瘫痪的高钙营养舔砖，包括如下组分：按重量份计，食盐600~900份、石粉40~100份、含钙质量比39.2%的轻质碳酸钙20~60份、含铜质量比25%的硫酸铜3~10份、含锌质量比34.5%的硫酸锌3~8份、含铁质量比30%的硫酸亚铁6~18份、含锰质量比31.8%的硫酸锰2~8份、含碘质量比74.9%的碘化钾0.5~2份、含硒质量比

44.7%的亚硒酸钠 0.1~0.8 份、含钴质量比 39.1%氯化钴 0.2~1.5 份。本发明防治奶牛产前产后瘫痪临床效果显著，避免了多余元素的添加，既可减少微量元素添加成本又可防止因盲目过量添加造成对环境的污染，同时可更好地调节奶牛体内的矿物元素含量比，使动物的生产性能得到最大的发挥。

专利名称：一种犊牛专用微量元素舔砖及其制备方法

专利号：ZL201410031181.4

发明人：王胜义　齐志明　刘永明　王　慧　陈化琦　李胜坤　刘治岐

授权公告日：2015-04-08

摘要：本发明公开了一种犊牛专用微量元素舔砖：按重量份计，食盐 700~850 份，石粉 100~120 份，含钙质量比 39.2%的轻质碳酸钙 28~38 份，含铜质量比 25%的硫酸铜 15~20 份，含锌质量比 34.5%的硫酸锌 16~21 份，含锰质量比 31.8%的硫酸锰 13~18 份，含钾质量比 2%的碘化钾 6~10 份，含钠质量比 1%的亚硒酸钠 1~5 份，含钴质量比 1%氯化钴 0~3 份，含铁质量比 30%的硫酸亚铁 14~20 份。本发明对所需舔砖微量元素量的选择，避免了多余元素的添加，既可减少微量元素添加成本又可防止因盲目添加造成过量对环境的污染，同时可更好地调节犊牛体内的矿物元素含量比，使犊牛的生长发育能得到最大的发挥，试验结果效果显著。

专利名称：一种无乳链球菌快速分离鉴定试剂盒及其应用

专利号：ZL201310161818.7

发明人：王旭荣　李宏胜　张世栋　杨　峰　罗金印　李新圃　陈炅然

授权公告日：2015-01-07

摘要：本发明公开了一种无乳链球菌快速分离鉴定试剂盒，所述试剂盒中包括以下试剂：绵羊脱纤血平板、3%H_2O_2、金黄色葡萄球菌株、特异性 PCR 反应液、阳性对照 DNA。本发明提供的一种无乳链球菌快速分离鉴定试剂盒，将细菌形态学观察、接触酶试验、CAMP 反应和 PCR 检测联合使用，能够简化鉴定程序，特异性强，敏感性提高 15%以上，且鉴定成本低、耗时短（只需 3d），既可以分离获得无乳链球菌菌株，又可以准确鉴定，可用于人或奶牛的乳样、宫颈黏液、阴道拭子等样品的分离鉴定。

专利名称：一种以水为基质的多拉菌素 O/W 型注射液及其制备方法

专利号：ZL201210155335.1

发明人：周绪正　张继瑜　李　冰　李剑勇　魏小娟　牛建荣　杨亚军　刘希望　李金善

授权公告日：2015-05-18

摘要：本发明公开了一种以水为基质的多拉菌素 O/W（水包油）型注射液及其制备方法，该注射液由 OP 乳化剂、PEG400、油酸乙酯、多拉菌素、注射用水组成的 O/W 注射液；发明的关键点是注射液配方组成及各组分的含量确定。该注射液主要是以水为基质，含有少量的有机溶剂，减少了有机溶剂对畜禽和环境的影响，对生产者和使用者的危害小，贮藏、运输更安全；对畜禽毒副作用小；解决了由于传统剂型（油剂）在生产和使用过程中对畜禽的伤害及对环境的污染等问题。

专利名称：一种提高牦牛繁殖率的方法

专利号：ZL201310400985.2

发明人：郭　宪　阎　萍　保善科　梁春年　丁学智　裴　杰　包鹏甲　王宏博　褚　敏　孔祥颖

授权公告日： 2015-11-05

摘要： 本发明涉及一种提高牦牛繁殖率的方法，包括配种时间控制点、产犊时间控制点、断奶时间控制点；所述配种、产犊和断奶时间控制点之间实施繁育配套措施；所述配种时间控制点是7—9月；所述产犊时间控制点是4—5月；所述断奶时间控制点是7—8月；所述繁育配套措施包括配种公牦牛补饲、基础母牦牛营养调控和断奶犊牛培育。本发明技术与方法全面，操作方便，能充分发挥能繁母牦牛的繁殖潜能，可实现牦牛1年1产，增加牦牛的数量，有效提高牦牛的繁殖效率，宜于在牦牛选育与生产中使用。

专利名称：一种在青藏高原高海拔地区草地设置土石围栏的方法

专利号： ZL201310251354.9

发明人： 田福平　时永杰　路　远　胡　宇　张小甫　李润林　达娃央拉　普布次仁

授权公告日： 2015-10-21

摘要： 本发明公开了一种在青藏高原高海拔地区草地设置土石围栏的方法，包括围栏地块的选择；围栏的设计；围栏的设置；根据实际情况设置围栏的门；对围栏要经常检查，发现松动或损坏的部位要及时维修。本发明采用一种造价低廉、坚固耐用的土石结合的方法进行围栏，作为屏障阻碍牲畜放牧，达到了封育目的，另外，本发明因地制宜，就地取材，效果良好，能够提高单位面积上天然草地的牧草产量。

专利名称：一种防治仔猪腹泻的药物组合物及其制备方法和应用

专利号： ZL201310448771.2

发明人： 潘　虎　尚小飞　王学智　苗小楼　王东升　王　瑜　汪晓斌

授权公告日： 2015-10-10

摘要： 本发明公开了一种防治仔猪腹泻的药物组合物，所述药物组合物包括以下组分：按照重量份计为珠芽蓼20~40份、三颗针10~20份、苦参10~20份、白芍3~5份、苍术10~12份、焦山楂5~8份；并提供了其制备和应用方法。本发明的有益效果为：本发明提供了一种防治仔猪腹泻的药物组合物，并提供了其制备和应用方法，该药物组合物不仅具有良好的清热化湿、收敛止泻、健脾消食等功效，而且还具有临床疗效明显、副作用低、无残留、不易产生耐药性、成本低廉、使用方便等特点，对于仔猪腹泻具有良好的预防和治疗效果。符合集约规模化养猪生产需要，可有效降低或减少抗生素、化学合成药物在防治仔猪腹泻中的使用量。

（五）实用新型专利（表1）

表1　实用新型专利总表（2015年）

序号	专利名称	授权公告日	专利号	第一发明人
1	一种羊用人工授精保定台	2015-10-07	ZL201520340744.8	包鹏甲
2	一种小型可调式手动中药铡刀	2015-09-16	ZL201520370733.4	程富胜
3	冻存专用采血管储存盒	2015-08-19	ZL201520263023.1	褚　敏
4	快速液氮研磨器	2015-08-26	ZL201520263036.9	褚　敏
5	试验用便携式液氮储存壶	2015-08-19	ZL201520263024.6	褚　敏
6	一种采血管保护装置	2015-08-19	ZL201520250457.8	褚　敏
7	一种可拆分式洗瓶刷晾置架	2015-08-19	ZL201520263117.9	褚　敏

（续表）

序号	专利名称	授权公告日	专利号	第一发明人
8	一种可替换刀头式冻存管专用动物软组织取样器	2015-08-12	ZL201520250311.3	褚 敏
9	一种洗瓶刷	2015-08-26	ZL201520250409.9	褚 敏
10	自动感应式洗手液盛放器	2015-08-26	ZL201520263813.X	褚 敏
11	一种自动混匀式水浴加热装置	2015-10-21	ZL201520263087.1	褚 敏
12	液氮罐固定塞	2015-10-21	ZL201520263090.3	褚 敏
13	采血管收纳的腰间围带	2015-08-19	ZL201520263663.2	崔东安
14	一种新型防渗水、孔径可变、高度可调试管架	2015-10-28	ZL201520487248.5	高旭东
15	一种容量瓶、试管和移液管三用支架	2015-11-11	ZL201520561321.9	高旭东
16	禽用饮水器的气门装置	2015-08-12	ZL201520221110.0	郭 健
17	一种便于清理的猪圈	2015-08-12	ZL201520212734.6	郭 健
18	一种畜牧用饮水槽	2015-08-12	ZL201520212733.1	郭 健
19	一种带自动冲洗装置的羊圈	2015-08-12	ZL201520212673.3	郭 健
20	一种简易家畜装运设备	2015-08-12	ZL201520212301.0	郭 健
21	一种绵羊分群标记设备	2015-08-12	ZL201520221127.6	郭 健
22	一种羊舍	2015-08-12	ZL201520212607.6	郭 健
23	一种牛羊暖棚棚架装置	2015-08-26	ZL201520263115.X	郭 宪
24	一种胚胎体外检取装置	2015-08-12	ZL201520159508.6	郭 宪
25	一种畜牧场用积粪车	2015-09-09	ZL201520221108.3	郭 健
26	一种畜牧供给水装置	2015-08-12	ZL201520212593.8	郭 健
27	一种绵羊个体授精保定设备	2015-08-12	ZL201520211823.9	郭 健
28	一种组合式羊栏	2015-10-16	ZL201520576726.X	郭 健
29	一种牦牛酥油提取装置	2015-06-10	ZL201420861298.0	郭 宪
30	一种牦牛生产用分群栏装置	2015-11-05	ZL201520600096.5	郭 宪
31	不同类型毛绒样品分类收集盒	2015-08-05	ZL201520201879.6	郭天芬
32	多功能桌板结构	2015-07-01	ZL201520089380.0	郭天芬
33	一种绒面长度测量板	2015-07-29	ZL201520238863.2	郭天芬
34	一种可快速取放的坩埚架	2015-08-16	ZL201520229449.5	郭天芬
35	一种可调式容量瓶架	2015-08-05	ZL201520203093.8	郭天芬
36	一种实验室废弃物盛放	2015-11-12	ZL201520588555.2	郭婷婷
37	细胞培养实验室操作台专用废液缸	2015-09-09	ZL201520290100.2	郝宝成
38	一种分子生物学实验室超净台专用镊子	2015-09-09	ZL201520323116.9	郝宝成
39	一种预防羊疯草中毒舔砖专用放置架	2015-07-15	ZL201520116650.2	郝宝成
40	一种多功能试管架	2015-11-04	ZL201520463539.0	郝宝成

（续表）

序号	专利名称	授权公告日	专利号	第一发明人
41	一种实验兔用液体药物灌服辅助器	2015-09-23	ZL201520205674.5	郝宝成
42	一种新型可调节高速分散器	2015-07-28	ZL201520552520.3	郝宝成
43	一种移液枪枪头盒	2015-07-15	ZL201520512464.0	郝宝成
44	超净台培养基倾倒工具	2015-06-17	ZL201520040575.6	贺泂杰
45	一种超净工作台液氮瓶固定倾倒装置	2015-05-13	ZL201420803734.9	贺泂杰
46	一种核酸胶切割装置	2015-04-08	ZL201420803801.7	贺泂杰
47	一种培养皿晾晒装置	2015-05-13	ZL201420803659.6	贺泂杰
48	一种用于制作琼脂扩散试验中梅花形孔的装置	2015-06-17	ZL201520095603.4	贺泂杰
49	固定式便捷刮板器	2015-08-05	ZL201520106452.8	贺泂杰
50	一种 PCR 加样简易操作台	2015-07-15	ZL201520088573.4	贺泂杰
51	一种多功能试剂管放置板	2015-07-12	ZL201520132057.7	贺泂杰
52	一种培养皿清洁工具	2015-07-15	ZL201520083238.5	贺泂杰
53	用于清洗细胞瓶的可更换刷头的细胞瓶刷	2015-07-15	ZL201520106451.3	贺泂杰
54	一种用于实验室孵化鸡胚的简易鸡胚孵化架	2015-09-16	ZL201520095739.5	贺泂杰
55	一种试管固定晾晒工具	2015-09-30	ZL201520080006.4	贺泂杰
56	琼脂糖凝胶和核酸胶的携带移动装置	2015-11-11	ZL201520106455.1	贺泂杰
57	一种便捷式标本夹	2015-08-26	ZL201520286168.3	胡　宇
58	一种草地地方样品采集剪刀	2015-08-26	ZL201520286167.9	胡　宇
59	一种测定土壤水分的新型铝盒	2015-08-19	ZL201520285736.8	胡　宇
60	一种针对有毒、刺植物的样品采集剪刀	2015-08-26	ZL201520288729.3	胡　宇
61	一种便携式样方框	2015-11-11	ZL201520288217.7	胡　宇
62	一种针对燕麦类种子的种子袋	2015-11-18	ZL201520500658.9	胡　宇
63	一种新型土钻	2015-10-28	ZL201520510776.8	胡　宇
64	一种可计量倾倒液体体积的烧杯	2015-07-14	ZL201520506039.0	黄　鑫
65	一种伸缩式蜡叶标本架	2015-06-03	ZL201520037279.0	孔晓军
66	一种简易牦牛粪捡拾器	2015-09-16	ZL201520309617.1	孔晓军
67	一种大小鼠代谢率搁置架	2015-10-07	ZL201520391528.6	孔晓军
68	一种旋转式腊页标本陈列架	2015-10-21	ZL201520422712.2	孔晓军
69	一种样品瓶存储盒	2015-09-09	ZL201520229707.X	李　冰
70	一种色谱柱存放盒	2015-10-14	ZL201520396229.1	李　冰
71	一种血浆样品存储盒	2015-08-26	ZL201520211536.8	李　冰
72	一种便携式色谱柱存放袋	2015-12-02	ZL201520396467.2	李　冰

（续表）

序号	专利名称	授权公告日	专利号	第一发明人
73	一种野外观测仪表防水保护箱	2015-08-26	ZL201520313827. 8	李润林
74	一种可调节桌面水平和高度的桌子	2015-09-16	ZL201520340642. 6	李润林
75	一种手动土样过筛装置	2015-09-16	ZL201520309807. 3	李润林
76	一种马铃薯点播器	2015-09-16	ZL201520335053. 9	李润林
77	一种药材育成苗点播器	2015-09-16	ZL201520340531. 5	李润林
78	一种家畜蠕虫病检查过滤器	2015-09-16	ZL201520331245. 2	李世宏
79	一种家畜口腔消毒容器	2015-09-23	ZL201520330977. X	李世宏
80	一种猪的保定架	2015-10-07	ZL201520309586. X	李世宏
81	一种大家畜的灌药器	2015-10-21	ZL201520309672. 0	李世宏
82	一种公羊采精器	2015-10-21	ZL201520309860. 3	李世宏
83	一种不同动物的开膣器	2015-10-21	ZL201520414067. X	李世宏
84	一种不同动物的叩诊锤	2015-10-21	ZL201520414076. 9	李世宏
85	一种简易冷冻装置	2015-05-13	ZL201520159477. 4	李维红
86	一种畜禽肉粉碎样品取样器	2015-07-08	ZL201520007941. 8	李维红
87	一种氨基酸检测实验中溶剂简易干燥装置	2015-08-05	ZL201520201914. 4	李维红
88	一种萃取分层中的吸取装置	2015-07-15	ZL201520008163. 4	李维红
89	一种微量样品的过滤器	2015-07-29	ZL201520174273. 8	李维红
90	羊毛洗净率实验中的烘箱隔板	2015-08-05	ZL201520201917. 8	李维红
91	一种一次性防毒口罩	2015-08-22	ZL201520174410. 8	李维红
92	一种牦牛用模拟采精架	2015-04-18	ZL201520252466. 0	梁春年
93	一种牧区牦牛体重自动筛查装置	2015-04-17	ZL201520240864. 0	梁春年
94	可调式毛绒样品烘样篮	2015-07-15	ZL201520202223. 6	梁丽娜
95	一种坩埚架夹持器	2015-08-12	ZL201520233563. 5	梁丽娜
96	一种筛底可更换式实验筛	2015-08-05	ZL201520203048. 2	梁丽娜
97	少量毛绒样品清洗杯	2015-08-19	ZL201520246135. 6	梁丽娜
98	一种测温式水浴固定装置	2015-08-12	ZL201520237746. 4	梁丽娜
99	可收缩式遮阴棚架	2015-08-19	ZL201520261481. 1	路　远
100	可调节角度的斜面培养基试管架	2015-08-19	ZL201520261482. 6	路　远
101	一种可叠加放置的育苗钵架	2015-08-19	ZL201520261444. 0	路　远
102	一种手摇式土壤筛	2015-08-19	ZL201520253027. 1	路　远
103	一种野外保暖箱	2015-11-11	ZL201520507956. 0	路　远
104	一种植物测量尺	2015-11-04	ZL201520500608. 0	路　远
105	一种植物生长板	2015-11-04	ZL201520500700. 7	路　远

（续表）

序号	专利名称	授权公告日	专利号	第一发明人
106	一种可使试管倾斜放置的装置	2015-01-07	ZL201420549489.3	罗永江
107	一种用于防置球形底容器的装置	2015-02-18	ZL201420473479.6	罗永江
108	一种皮肤组织切片用石蜡包埋盒	2014-12-17	ZL201420371308.2	牛春娥
109	一种用于安全运输样品的采样装置	2015-11-18	ZL201520177535.6	牛建荣
110	一种可拆卸式荧光定量孔板	2015-09-09	ZL201520308918.2	裴　杰
111	一种生物学实验用实验服	2015-09-02	ZL201520308884.7	裴　杰
112	一种制胶用移液器吸头	2015-09-02	ZL201520309333.2	裴　杰
113	离心管架	2015-09-23	ZL201520345178.X	裴　杰
114	高通量聚丙烯酰胺凝胶制胶器	2015-09-16	ZL201520345130.9	裴　杰
115	一种多功能实验室冰盒	2015-12-02	ZL201520560397.X	秦　哲
116	一种生物样品涂片及切片用的染色架	2015-12-02	ZL201520560611.1	秦　哲
117	羊用复式循环药浴池	2015-03-25	ZL201420505089.2	孙晓萍
118	一种羔羊集约化饲养羊舍	2015-07-09	ZL201520093598.3	孙晓萍
119	一种舍饲羊圈、放牧围栏的半自动门锁	2015-07-22	ZL201520118910.X	孙晓萍
120	一种羊只运输的装车装置	2015-08-05	ZL201520208296.6	孙晓萍
121	移动可拆卸放牧羊保定栏	2015-07-15	ZL201520118910.X	孙晓萍
122	舍饲绵羊圈舍内的栓扣装置	2015-09-23	ZL201520603029.1	孙晓萍
123	一种弧形体尺测量仪	2015-09-16	ZL201520147038.1	孙晓萍
124	一种放牧羊保定栏	2015-09-23	ZL201520552564.6	孙晓萍
125	隔板式培养皿	2015-08-12	ZL201520250456.3	王　玲
126	一种活动套管式琼脂平板打孔器	2015-08-19	ZL201520268149.8	王　玲
127	一种用于琼脂扩散试验的多孔制孔器装置	2015-07-29	ZL201520242420.0	王　玲
128	一种用于分离蛋黄和蛋清的手捏式蛋黄吸取器具	2015-02-18	ZL201420586223.6	王　玲
129	一种用于无菌采集奶牛乳房炎乳汁样品的采样包	2015-01-07	ZL201420717921.0	王　玲
130	一种用于微量移取溶液的定量刻度管	2015-09-23	ZL201520322885.7	王　玲
131	一种试管沥水收纳装置	2015-10-14	ZL201520370333.3	王　玲
132	一种电极测定离子过膜瞬时速率的专用测试装置	2015-06-24	ZL201520132634.2	王春梅
133	一种放射性废物的收集装置	2015-06-24	ZL201520131874.0	王春梅
134	一种液体闪烁计数法测定活体植物单向离子吸收速率的方法的专用样品管	2015-06-24	ZL201520132633.8	王春梅
135	一种早熟禾草坪建植中种子快速萌发方法的专用松皮装置	2015-05-27	ZL201420793608.X	王春梅
136	适用于北方室内花卉的施肥系统	2015-07-08	ZL201420742044.7	王春梅

（续表）

序号	专利名称	授权公告日	专利号	第一发明人
137	一种防辐射手臂保护套	2015-07-08	ZL201520131979.6	王春梅
138	一种接种针消毒装置	2015-07-15	ZL201520136978.0	王春梅
139	一种手术刀片消毒装置	2015-09-02	ZL201520103625.0	王春梅
140	一种吸壁式移液器搁置架	2015-07-22	ZL201520136954.5	王春梅
141	一种液体高温灭菌瓶	2015-07-15	ZL201520136701.8	王春梅
142	一种纸张消毒盒	2015-07-15	ZL201520103549.3	王春梅
143	一种移液器枪头超声波清洗筐	2015-11-11	ZL201520142914.1	王春梅
144	一种薄层色谱板保存盒	2015-06-24	ZL201520039888.X	王东升
145	一种简易薄层色谱点样标尺	2015-05-13	ZL201520020761.3	王东升
146	减压三通管	2015-08-19	ZL201520263664.7	王东升
147	鼠耳片取样器	2015-08-05	ZL201520263595.X	王东升
148	一种猪用开口器	2015-09-16	ZL201520222389.4	王东升
149	一种多功能吸管架	2015-10-07	ZL201520335193.6	王东升
150	一种放牧绵羊缓释药丸投喂器	2015-08-12	ZL201520252434.0	王宏博
151	一种毛纤维切取装置	2015-07-15	ZL201520197765.9	王宏博
152	一种种子存储袋	2015-09-02	ZL201520293922.6	王晓力
153	一种检测牛肉中伊维菌素残留的试剂盒	2015-09-09	ZL201520370918.5	魏小娟
154	一种可拆卸式多用途试管架和移液管组合架	2015-08-12	ZL201520241210.X	魏小娟
155	一种培养基盛放瓶	2015-08-12	ZL201520241580.3	魏小娟
156	一种实验兔针灸用装置	2015-07-08	ZL201520051143.5	魏小娟
157	一种新型试管架	2015-08-26	ZL201520233622.9	魏小娟
158	一种多用途搬运车	2015-10-21	ZL201520426265.8	魏小娟
159	粪便样品处理器	2015-10-22	ZL201520246282.3	魏小娟
160	一种牛用鼻腔黏液采集器	2015-09-16	ZL201520318959.X	魏小娟
161	一种大动物胃管灌药器	2015-09-16	ZL201520309780.8	魏小娟
162	一种犬用简易鼻腔黏液采集器	2015-09-16	ZL201520318957.0	魏小娟
163	一种马属动物鼻腔采样器	2015-09-16	ZL201520318709.6	魏小娟
164	一种羊鼻腔采样器	2015-09-16	ZL201520318688.8	魏小娟
165	集成式磁力搅拌水浴反应装置	2015-07-29	ZL201520186903.3	熊 琳
166	实验室用超声萃取装置	2015-07-22	ZL201520173967.X	熊 琳
167	一种薄层色谱展开装置	2015-06-17	ZL201520132741.5	熊 琳
168	一种集成器皿架	2015-08-12	ZL201520213813.9	熊 琳
169	一种简易固相萃取装置	2015-08-12	ZL201520075271.3	熊 琳

（续表）

序号	专利名称	授权公告日	专利号	第一发明人
170	一种可调节高度实验台	2015-08-12	ZL201520201920. X	熊　琳
171	一种自行式气瓶运输车	2015-08-12	ZL201520218657. 5	熊　琳
172	一种便携式样品冷冻箱	2015-10-07	ZL201520219329. 7	熊　琳
173	一种消毒液稀释杯	2015-08-19	ZL201520263395. 4	杨　峰
174	一种新型酒精灯	2015-08-12	ZL201520242654. 5	杨　峰
175	一种用于超净工作台内的移液枪架	2015-08-19	ZL201520263002. X	杨　峰
176	一种用于革兰氏染色的载玻片吸附架	2015-08-05	ZL201520263088. 6	杨　峰
177	一种用于尾静脉试验的大小鼠固定装置	2015-08-05	ZL201520203013. 9	杨　峰
178	一种用于药敏试验抑菌圈的测量装置	2015-08-05	ZL201520202979. 0	杨　峰
179	一种低温解剖小鼠实验装置	2015-09-02	ZL201520309945. 1	杨　珍
180	一种柱层析支架	2015-03-04	ZL201520308919. 7	杨　珍
181	一种 EP 管固定盘	2015-06-03	ZL201520003351. 8	杨　峰
182	一种利于琼脂斜面管制作的存放盒	2015-01-05	ZL201520003123. 0	杨　峰
183	一种用于革兰氏染色的载玻片钳子	2015-05-06	ZL201520003185. 1	杨　峰
184	一种用于细菌革兰氏染色的载玻片界定架	2015-09-09	ZL201520290150. 0	杨　峰
185	一种冰浴支架装置	2015-09-23	ZL201520340865. 2	杨　珍
186	一种水浴支架	2015-09-16	ZL201520330985. 4	杨　珍
187	一种便携式田间标识牌	2015-07-01	ZL201520079167. 1	杨红善
188	一种可伸缩的土壤耕作耙子	2015-07-29	ZL201520132950. X	杨红善
189	一种进样瓶辅助清洗器	2015-08-12	ZL201520213206. 2	杨晓玲
190	一种黏性样品取样匙	2015-07-22	ZL201520218616. 6	杨晓玲
191	一种实验室专用多功能简易定时器	2015-11-04	ZL201520496414. 8	杨晓玲
192	一种家畜称重分离装置	2015-03-25	ZL201420665938. 0	岳耀敬
193	实验室清洁刷放置储存挂袋	2015-07-22	ZL201520182941. 1	张　茜
194	小型液氮取倒容器	2015-07-29	ZL201520181777. 2	张　茜
195	悬挂式植物蜡叶标本展示盒	2015-07-22	ZL201520182839. 1	张　茜
196	一种灌木植物冬季保暖的简易温室	2015-08-12	ZL201520237678. 1	张　茜
197	一种植物干种子标本展示瓶	2015-07-15	ZL201520074090. 9	张　茜
198	一种带擦头的记号笔	2014-12-10	ZL201420121471. 3	张　茜
199	一种加样时放置离心管的冰盒	2014-12-10	ZL201420133109. 9	张　茜
200	一种土壤取样器	2015-06-03	ZL201520074028. X	张　茜
201	一种育种种子储藏袋	2015-06-10	ZL201520003267. 6	张　茜
202	一种植物种子撒播器	2015-06-10	ZL201520003268. 0	张　茜

（续表）

序号	专利名称	授权公告日	专利号	第一发明人
203	一种禾本科种子发芽实验皿	2015-10-07	ZL201520003287.3	张　茜
204	一种植物腊叶标本直立式展示盒	2015-08-05	ZL201520218656.0	张　茜
205	一种试验用防护取样器	2015-09-30	ZL201520380966.2	张景艳
206	一种冷冻组织块切割装置	2015-03-25	ZL201420744159.X	张世栋
207	一种牛用颈静脉采血针	2015-04-22	ZL201420744220.0	张世栋
208	一种细胞培养皿	2015-04-22	ZL201420744156.6	张世栋
209	一种凝胶胶片转移装置	2015-04-22	ZL201420744583.4	张世栋
210	一种牛的诊疗保定栏	2015-08-05	ZL201520145849.0	周绪正
211	一种猪专用前腔静脉采血可调保定架	2015-03-16	ZL201520145700.X	周绪正
212	一种成猪专用保定架	2015-01-28	ZL201420474429.X	周绪正
213	一种可调节行距和播种深度的田间试验划线器	2015-08-26	ZL201520133797.2	周学辉
214	一种笔式计数数粒装置	2015-08-26	ZL201520309742.2	朱新强
215	一种植株样本采集袋	2015-09-09	ZL201520298815.2	朱新强
216	一种拆卸式坩埚托盘	2015-10-21	ZL201520400377.6	朱新强
217	一种适用于小面积种植的播种装置	2015-10-21	ZL201520400575.2	朱新强
218	一种可倾斜试管架	2015-10-21	ZL201520400521.6	朱新强
219	一种用于倾倒液体的抓瓶装置	2015-11-04	ZL201520400608.3	朱新强
220	一种具有多管腔的试管	2015-11-10	ZL201520322944.0	朱新强
221	一种仿生型羔羊哺乳架	2015-08-12	ZL201520123631.2	朱新书
222	一种放牧牛羊草料补饲装置	2015-08-12	ZL201520200445.4	朱新书
223	一种牦牛B超测定用保定架装置	2015-04-15	ZL201420723244.8	郭　宪
224	一种仔猪去势手术用保定架	2015-09-16	ZL201520309664.6	李世宏
225	一种鼠类动物饲养笼清洁铲	2015-09-16	ZL201520330971.2	刘希望
226	一种羊羔喂奶装置	2015-12-09	ZL201520576728.9	郭　健
227	一种大规模绵羊个体鉴定保定设备	2015-08-12	ZL201520211769.8	郭　健
228	一种经济型保暖牛羊舍	2015-12-09	ZL201520550132.1	朱新书

（六）软件著作权（表2）

表2　软件著作总表（2014—2015年）

序号	著作权名称	授权公告日	登记号	发明人（设计人）
1	中国藏兽医药数据库系统 V1.0	2014-09-15	2014SR188346	尚小飞
2	甘南牦牛育种信息管理系统 V1.0	2015-01-30	2015SR064194	梁春年
3	国家奶牛产业技术体系疾病防控技术资源共享数据库	2015-07-02	2105SR121742	李建喜
4	中兽医药资源共享数据库系统	2015-07-02	2015SR121769	李建喜

（七）发表论文（表3）

表3　发表论文总表（2014—2016年）

序号	论文名称	主要完成人	刊物名称	年	卷	期	页码	备注
1	Synthesis and evaluation of novel pleuromutilin derivatives with a substituted pyrimidine moiety	衣云鹏 尚若锋	European Journal of Medicinal Chemistry	2015	101		179-184	SCI IF3. 447
2	Evaluation of Arecoline Hydrobromide Toxicity after a 14-Day Repeated Oral Administration in Wistar Rats	魏晓娟 张继瑜	PLOS ONE	2015	10	4		SCI 院选 I F3. 234
3	Exploring Differentially Expressed Genes and Natural Antisense Transcripts in Sheep (*Ovis aries*) Skin with Different Wool Fiber Diameters by Digital Gene Expression Profiling	岳耀敬	PLOS ONE	2015	10	6		SCI 院选 IF 3. 234
4	Preventive Effect of Aspirin Eugenol Ester on Thrombosis in κ-Carrageenan-Induced Rat Tail Thrombosis Model	马　宁 李剑勇	PLOS ONE	2015	10	7		SCI 院选 IF 3. 234
5	Differentially expressed genes of LPS febrile symptom in rabbits and that treated with BaiHuTang, a classical anti-febrile Chinese herb formula	张世栋	Journal of Ethnopharmacology	2015	169	1	130-137	SCI 院选 IF 2. 998
6	Determination and pharmacokinetic studies of aretsunate and its metabolite in sheep plasma liquid chromatography - tandem mass spectrometry	李　冰 张继瑜	Journal of ChromatographyB	2015	997		146-153	SCI IF 2. 729
7	Simple and sensitive monitoring of β2-agonist residues in meat by liquid chromatography - tandem ass spectrometry using a QuEChERS with preconcentration as the sample treatment.	熊　琳	Meat science	2015	105		96-107	SCI 院选 IF 2. 615
8	Review of Platensimycin and Platencin: Inhibitors of β-Ketoacyl-acyl Carrier Protein (ACP) Synthase III (FabH)	尚若锋	Molecules	2015		20	16127-16141	SCI IF 2. 416

（续表）

序号	论文名称	主要完成人	刊物名称	年	卷	期	页码	备注
9	In Vivo Efficacy and Toxicity Studies of a Novel AntibacterialAgent：14-O-［（2-Amino-1，3，4-thiadiazol-5-yl）Thio-acetyl］Mutilin	张　超 梁剑平 尚若锋	molecules	2015	20		5299-5312	SCI IF 2.095
10	Antinociceptive and anti-tussive activities of the ethanol extract of the flowers of *Meconopsis punicea* Maxim. *BMC Complementary and Alternative Medicine*	尚小飞	BMC Complementary and Alternative Medicine	2015		15	154	SCI IF 2.020
11	Comparative proteomics analysis provide novel insight into laminitis in Chinese Holstein cows	董书伟	BMC Veterinary Research	2015	161	11	1-9	SCI 院选 IF 1.777
12	Regulation effect of Aspirin Eugenol Ester on blood lipids in Wistar rats with hyperlipidemia	ISAM 杨亚军	BMC Veterinary Research	2015	20	11	217	SCI 院选 IF 1.777
13	Effects of Long-Term Mineral Bloch Supplement	王　慧	Biological Trace Element Research	2015				SCI IF 1.748
14	Poly（lactic acid）/palygorskite nanocomposites：Enhanced the physical and thermal properties	刘　宇	Polymer Composites	2015				SCI IF 1.632
15	Study on matrix metalloproteinase 1 and 2 gene expression and NO in dairy cows with ovarian cysts	Ali 李建喜	Animal Reproduction Science	2015		152	1-7	SCI 院选 IF 1.581
16	The complete mitochondrial genome of Hequ horse	郭　宪	Mitochondrial DNA	2015	17	Oct	Online	SCI IF 1.209
17	The complete mitochondrial genome of the Qinghai Plateau yak Bos grunniens（Cetartiodactyla：Bovidae）	郭　宪	Mitochondrial DNA	2015	17	Oct	Online	SCI IF 1.209

（续表）

序号	论文名称	主要完成人	刊物名称	年	卷	期	页码	备注
18	The complete mitochondrial genome sequence of the dwarf blue sheep, Pseudois schaeferi haltenorth in China	刘建斌	Mitochondrial DNA	2015				SCI IF 1.209
19	The complete mitochondrial genome sequence of the wild Huoba Tibetan sheep of the Qinghai-Tibetan Plateau in China	刘建斌	Mitochondrial DNA	2015				SCI IF 1.209
20	Efficacy of an Herbal Granule as Treatment Option for Neonatal Tibetan Lamb Diarrhea under field conditions	李胜坤 崔东安	Livestock Science	2015	172		79-84	SCI 院选 IF 1.100
21	Prophylactic strategy with herbal remedy to reduce puerperal metritis risk in dairy cows A randomized clinical trial	崔东安	Livestock Science	2015	181		213-235	SCI 院选 IF 1.100
22	Analysis of agouti signaling protein (ASIP) gene polymorphisms and association with coat color in Tibetan sheep (*Ovis aries*)	韩吉龙 杨博辉	Genetics and Molecular Research	2015	14	1	1200-1209	SCI IF 0.850
23	Association between single-nucleotide polymorphisms of fatty acid synthase gene and meat quality traits in Datong Yak (*Bos grunniens*)	褚敏 阎萍	Genetics and Molecular Research	2015	14	1	2617-2625	SCI IF 0.850
24	De novo assembly and characterization of skin transcriptome using RNAseq in sheep (*Ovis aries*)	岳耀敬 杨博辉	Genetics and Molecular Research	2015	14	1	1371-1384	SCI IF 0.850
25	Novel SNP of *EPAS1* gene associated with higher hemoglobin concentration revealed the hypoxia adaptation of yak (*Bos grunniens*)	吴晓云 阎萍	Journal of Integrative Agriculture	2015	14	4	741-748	SCI 院选 IF 0.833
26	High gene flows promote close genetic relationship among fine - wool sheep populations (*Ovis aries*) in China	韩吉龙 杨博辉	journal of integrative agriculture	2015				SCI 院选 IF 0.833

（续表）

序号	论文名称	主要完成人	刊物名称	年	卷	期	页码	备注
27	Analgesic and anti-inflammatory effects of hydroalco - holic extract isolated from semen vaccariae	王　磊	Pakistan Journal of Pharmaceutical Sciences	2015	28	3sup	1043-1048	SCI IF 0.682
28	A Method for Multiple Identification of Four β2-Agonists in Goat Muscle and Beef Muscle Meats Using LC-MS/MS Based on eproteinization by Adjusting pH and SPE for Sample Cleanup	熊　琳	Food Science and Biotechnology	2015	24	5	1629-1635	SCI IF 0.653
29	Application of Orthogonal Design to Optimize Extraction of Polysaccharide from *Cynomorium songaricum* Rupr（Cynomoriaceae）	王晓力	Tropical Journal of Pharmaceutical Research	2015	14	7	1319-1326	SCI IF 0.589
30	A New Pleuromutilin Derivative：Synthesis，Crystal Structure and Antibacterial Evaluation	衣云鹏 尚若锋	Chinese J. Struct. Chem.	2015	34	9	1434-1439	SCI IF 0.507
31	*Belamcanda chinensis*（L.）DC：Ethnopharmacology，Phytochemistryand Pharmacology of an Important Traditional Chinese medicine	辛蕊华	African Journal of Traditional，Complementary and Alternative medicines	2015	12	6	39-70	SCI IF 0.500
32	Evaluation of analgesic and anti-inflammatory activities of compound herbs Puxing Yinyang San	王　磊	African Journal of Traditional，Complementary and Alternative medicines	2015	12	4	151-160	SCI IF 0.500
33	Study on extraction and antioxidant activity of Flavonoids from *cynomorium songaricum r u p r.*	王晓力	Oxidation Communications	2015	38	2A	1008-1017	SCI IF 0.451
34	Study on the extraction and oxidation of Bioactive peptide from the sphauercerpus grailis	王晓力	Oxidation Communications	2015	28	2A	1001-1008	SCI IF 0.451

（续表）

序号	论文名称	主要完成人	刊物名称	年	卷	期	页码	备注
35	The two dimensional electrophoresis and mass spectrometric analysis of differential proteome in yak follicular fluid	郭　宪	Journal of Animal and Veterinary Advances	2015	14	3	75-80	SCI IF 0.365
36	Prevalence of blaZ gene and other virulence genes in penicillin - resistant Staphylococcus aureus isolated from bovine mastitis cases in Gansu, China	杨　峰	Turkish Journal of Veterinary and Animal Sciences	2015		39	634-636	SCI IF 0.242
37	Hematologic, Serum Biochemical Parameters, Fatty Acid and Amino Acid of Longissimus Dorsi Muscles in Meat Quality of Tibetan Sheep	王　慧	Acta Scientiae Veterinariae	2015	43	1	1-10	SCI IF 0.222
38	Optimization Extracting Technology of Cynomorium songaricum Rupr. Saponins byUltrasonic and Determination of Saponins Content in Samples with Different Source	王晓力	Advance Journal of Food Science and Technology	2015	3	9	209-211	EI
39	Optimization of Ultrasound - Assisted Extraction of Tannin from Cynomorium songaricum	王晓力	Advance Journal of Food Science and Technology	2015	3	9	212-214	EI
40	航天诱变航苜 1 号紫花苜蓿兰州品种比较试验	杨红善	草业学报	2015	24	9	138-145	
41	丹翘液对脂多糖诱导 RAW264.7 细胞炎症相关因子的抑制效应分析	魏立琴 张世栋 严作廷	畜牧兽医学报	2015	46	12	1-8	
42	牦牛 Ihh 基因组织表达分析、SNP 检测及其基因型组合与生产性状的关联分析	李天科 阎　萍	畜牧兽医学报	2015	46	1	50-59	
43	中药治疗奶牛子宫内膜炎的系统评价和 meta 分析	董书伟	畜牧兽医学报	2015	46	11	2085-2096	
44	不同宿主来源的耐甲氧西林金黄色葡萄球菌分子流行病学研究进展	苏　洋 蒲万霞	中国预防兽医学报	2014	36	11	904-907	

（续表）

序号	论文名称	主要完成人	刊物名称	年	卷	期	页码	备注
45	牦牛 KAP3. 3 基因的克隆及生物信息学分析	王宏博	中国畜牧杂志	2015	51	19	17-21	
46	苦豆子及其复方药对奶牛子宫内膜炎 5 种致病菌的体外抑菌活性研究	辛任生 梁剑平	中国兽医学报	2015	35	4	636-639	
47	用主成分分析法研究腹泻仔猪血清生化指标	黄美洲 刘永明	中国兽医学报	2015	11	35	1748-1751	
48	鱼紫散防治鸡痘有良效	谢家声 郑继方	中国兽医杂志	2015	51	2	101	
49	不同地区啤酒糟基本成分测定及其分析	王晓力	安徽农业科学	2015		13	62-65，276-278	
50	藏绵羊哺乳期羔羊早期补饲	朱新书	安徽农业科学	2015	43	32	102-103，135	
51	黄酮类化合物的分子修饰与构效关系的研究	黄　鑫 郝宝成	安徽农业科学	2015	43	11	57-61	
52	牦牛的肉用特性研究	郭　宪	安徽农业科学	2015	43	21	157-159	
53	牦牛乳氨基酸和脂肪酸的含量研究	郭　宪	安徽农业科学	2015	43	17	165-167	
54	绵山羊双羔素提高不同品种绒山羊繁殖率的研究	冯瑞林	安徽农业科学	2015	43	20	136-138	
55	绵山羊双羔素提高藏羊繁殖率的研究	冯瑞林	安徽农业科学	2015	43	13	176-177	
56	绵山羊双羔素提高粗毛羊繁殖率的研究	冯瑞林	安徽农业科学	2015	43	25	135-137	
57	绵山羊双羔素提高东北半细毛羊繁殖率的研究	冯瑞林	安徽农业科学	2015	43	9	121-123	
58	犬感染犬瘟热病毒后抗体的产生规律及检测方法	苏贵龙 李建喜	安徽农业科学	2015	40	30	116-118	
59	提高湖羊羔羊甲级羔皮率的试验研究	孙晓萍	安徽农业科学	2015	43	4	83-88	

（续表）

序号	论文名称	主要完成人	刊物名称	年	卷	期	页码	备注
60	代谢组学在基础兽医学中的应用	马　宁 李剑勇	动物医学进展	2015	36	5	116-120	
61	丹参水提物对山羊子宫内膜上皮细胞炎症模型中基质金属蛋白酶-2 表达的影响	邝晓娇 严作廷	动物医学进展	2015	36	3	54-59	
62	含查尔酮结构（E）-4-［3-（取代苯基）丙烯酰基］苯甲酸钠的制备及其抑菌活性研究	郭沂涛 李剑勇	动物医学进展	2015	36	12	36-40	
63	苦豆子灌注剂质量的检测	辛任升 梁剑平	动物医学进展	2015	36	5	55-58	
64	奶牛乳房炎致病菌的分离鉴定及耐药性研究	李新圃	动物医学进展	2015	36	11	36-39	
65	伊维菌素微乳制剂的安全性试验	刑守叶 张继瑜	动物医学进展	2015	36	5	69-73	
66	银翘蓝芩口服液薄层色谱鉴别方法研究	许春燕 李剑勇	动物医学进展	2015	36	11	40-43	
67	仔猪腹泻病原学研究进展	黄美州 刘永明	动物医学进展	2015	36	3	88-91	
68	紫菀化学成分及药理作用研究进展	彭文静 郑继方	动物医学进展	2015	36	3	102-107	
69	“菌毒清”口服液对人工感染鸡传染性喉气管炎的治疗	牛建荣	甘肃农业大学学报	2015	50	4	12-17，22	
70	牦牛 C1H21orf62 基因的克隆、生物信息学及表达分析	赵娟花 阎　萍	广东农业科学	2015	42	5	98-102	
71	13 种大毛细皮动物毛纤维物理性能的研究	李维红	黑龙江畜牧兽医	2015		01 上	160-163	
72	B 超活体测定牦牛眼肌面积和背膘厚的研究	郭　宪	黑龙江畜牧兽医	2015		8 上	109-111，297-298	
73	阿维菌素类药物残留检测的研究进展	文　豪 张继瑜	黑龙江畜牧兽医	2015		11 上	55-57	

（续表）

序号	论文名称	主要完成人	刊物名称	年	卷	期	页码	备注
74	不同来源抑制素抗原对牛羊繁殖力影响研究	孙晓萍	黑龙江畜牧兽医	2014		12 下	43-44	
75	产复康中 5 种中药的薄层色谱鉴别	王东升 严作廷	黑龙江畜牧兽医	2015		2 上	155-157、238	
76	动物源性食品中性激素残留的危害及检测方法	高旭东 郝宝成	黑龙江畜牧兽医	2015	489	11 上	274-277	
77	甘南亚高山草甸草原植被群落结构分析及其生长量测定	朱新书	黑龙江畜牧兽医	2015		2 上	108-112	
78	回流法和超声法提取常山碱的研究	郭志廷	黑龙江畜牧兽医	2015		5 上	123-124	
79	基于 CNKI 数据库的兽用抗寄生虫药伊维菌素的文献计量学分析	文　豪 张继瑜	黑龙江畜牧兽医	2015	487	10 上	173-176	
80	苦豆子提取物的急性毒性及抗炎试验研究	辛任升 梁剑平	黑龙江畜牧兽医	2015		6 下	111-112	
81	兰州地区奶牛乳房炎流行病学及病原菌调查	罗金印	黑龙江畜牧兽医	2015		11 下	164-166	
82	绵羊皮肤脆裂证遗传病的研究进展	岳耀敬 杨博辉	黑龙江畜牧兽医	2015		3 上	47-49	
83	陶赛特、波德代与藏羊杂交 I 代羔羊肉用性能分析	孙晓萍	黑龙江畜牧兽医	2015		5 上	98-100	
84	陶赛特羊与蒙古羊、小尾寒羊及滩羊杂交生长发育性状研究	孙晓萍	黑龙江畜牧兽医	2015		11 上	131-134	
85	伊维菌素微乳制剂的溶血性试验	邢守叶 张继瑜	黑龙江畜牧兽医	2015	475	3 下	98-99	
86	中草药饲料添加剂对河西肉牛生产性能及食用品质影响的研究	周学辉	黑龙江畜牧兽医	2015		4 上	98-100	
87	复方板黄口服液对畜禽常见病原菌的体外抑菌作用研究	魏小娟 张继瑜	黑龙江畜牧兽医	2015		1 上	149-150	
88	酵母菌制剂保存的稳定性研究	李春慧 蒲万霞	湖北农业科学	2015	54	7	1661-1664	

（续表）

序号	论文名称	主要完成人	刊物名称	年	卷	期	页码	备注
89	天祝白牦牛 KAP1. 1 基因亚型 B2A 克隆及鉴定	张良斌 阎　萍	华北农学报	2015	30	1	109-117	
90	11 种小毛细皮动物毛纤维的物理性能	李维红	江苏农业科学	2015	43	2	282-284	
91	畜禽产品风险评估过程探讨	杨晓玲	江苏农业科学	2015	43	5	280-282	
92	饲料原料白酒糟基本成分测定及评价	王晓力	粮油加工	2015		5	62-65	
93	糟渣类物质干燥技术的研究	王晓力	粮油加工	2015		4	61-63	
94	紫菀不同极性段提取物的药效比较	任丽花 郑继方	南方农业学报	2015	46	4	675-679	
95	牛羊焦虫病的综合防控技术	张继瑜	农家顾问	2014		6	43-44	
96	牦牛 CAV-3 基因的克隆及其在牦牛和黄牛组织的表达分析	赵娟花 阎　萍	生物技术通报	2015	31	5	194-199	
97	回流法和超声法从中药常山中提取常山乙素的比较研究	郭志廷	时珍国医国药	2015	26	6	1532-1533	
98	肉品种 β-受体激动剂类药物残留检测技术研究进展	熊　琳	食品安全质量检测学报	2015	6	2	528-533	
99	响应曲面法优选苦豆子总生物碱的提取工艺研究	刘宇	食品研究与开发	2014	35	21	26-30	
100	潜江市土壤养分空间分布及其水系对它的影响	李润林	土壤通报	2015	46	2	369-374	
101	甘肃地区新生仔猪腹泻细菌性病原的分离鉴定及其耐药性分析	黄美洲 刘永明	西北农业学报	2015	24	12	17-21	
102	基因本体论在福氏志贺菌转录组研究中的应用	朱　阵 张继瑜	西北农业学报	2014	23	12	17-24	
103	牛源鲍曼不动杆菌的鉴定及体外药敏试验	王孝武 李建喜	西北农业学报	2014	24	5	13-17	

（续表）

序号	论文名称	主要完成人	刊物名称	年	卷	期	页码	备注
104	紫外线和亚硝基胍对益生菌 FGM 发酵提取黄芪多糖的影响	陈 婕 李建喜	西北农业学报	2015	24	4	25-30	
105	西藏苜蓿种子繁育研究进展及其前景	杨 晓	西藏科技	2015		5	6-9	
106	医药认知模式创新与中医学发展	罗超应	医学与哲学人文与社会版	2015	36	2	82-85	
107	甘青乌头抗炎镇痛活性部位的半仿生-酶法提取工艺优化	吴国泰 梁剑平	应用化工	2015	44	4	605-610	
108	牧草的航天诱变研究	杨红善	中国草地学报	2015	37	1	104-110	
109	21 种紫花苜蓿在西藏“一江两河”地区引种试验研究	杨 晓	中国草食动物科学	2014	34	3	35-39	
110	哺乳期藏绵羊冬春季放牧+补饲优化模式研究	朱新书	中国草食动物科学	2015	35	6	24-25	
111	不同哺乳方式对甘南牦犊牛生长发育影响的研究	牟永娟 阎 萍	中国草食动物科学	2015	35	5	79-80	
112	藏绵羊成年母羊四季放牧采食量研究	朱新书	中国草食动物科学	2015	35	5	81-82	
113	藏绵羊后备母羊四季放牧采食量研究	朱新书	中国草食动物科学	2015	35	4	49-51	
114	代乳料对甘南牦犊牛生长发育及木牦牛繁殖性能的影响	牟永娟 梁春年	中国草食动物科学	2015	35	3	70-72	
115	高效液相色谱法测定饲料中己烯雌酚方法优化	周 磊	中国草食动物科学	2015	35	6	74-76	
116	两种多糖对奶牛乳房灌注的刺激性试验	张 哲 李宏胜	中国草食动物科学	2014	35	6	38-44	
117	速康解毒口服液对兔皮肤刺激性和过敏性试验研究	黄 鑫 梁剑平	中国草食动物科学	2015	35	1	37-39	
118	西部某省羊养殖过程风险隐患调研及羊肉产品风险因子分析	高雅琴	中国草食动物科学	2015	35	6	59-61	

（续表）

序号	论文名称	主要完成人	刊物名称	年	卷	期	页码	备注
119	乌锦颗粒剂的急性毒性与亚慢性试验研究	李胜坤 刘永明	中国畜牧兽医	2015	42	5	1203-1210	
120	牦牛卵泡液蛋白质组双向电泳图谱的构建与质谱分析	郭　宪	中国畜牧兽医	2015	42	11	3037-3073	
121	世界奶牛乳房炎疫苗研究的知识图谱分析	杨　峰	中国畜牧兽医	2015	42	10	2762-2771	
122	伊维菌素微乳制剂的过敏性研究	邢守叶 张继瑜	中国畜牧兽医	2014	41	11	275-278	
123	家畜不孕证辨证施治	王华东	中国动物保健	2015	17	10	68-71	
124	丹翘灌注液抗炎镇痛作用的研究	魏立琴 严作廷	中国农学通报	2015	31	2	75-79	
125	藿芪灌注液毒性研究	王东升	中国农学通报	2015	31	20	9-13	
126	紫花苜蓿在西藏“一江两河”地区灰色关联综合评价	杨　晓	中国农学通报	2015	31	2	80-84	
127	奶牛蹄病之疣性皮炎的防治	董书伟	中国乳业	2015	5		50-52	
128	菌毒清口服液治疗人工感染鸡传染性鼻炎试验	牛建荣	中国兽医杂志	2015	51	10	87-89	
129	HPLC 法测定丹翘灌注液中丹参酮ⅡA的含量	王东升	中兽医医药杂志	2015	36	6	35-37	
130	板黄口服液的薄层鉴别研究	刘希望	中兽医医药杂志	2015	36	5	33-35	
131	樗白皮提取物对腹泻模型小鼠抗氧化能力的影响	杨　欣 程富胜	中兽医医药杂志	2015	34	4	5-7	
132	两种多糖对奶牛乳房炎常见病原菌体外抑菌效果研究	张　哲 李宏胜	中兽医医药杂志	2015	36	6	54-56	
133	犬体针灸穴位图的 26 处订正探讨	罗超应	中兽医医药杂志	2015	34	1	74-77	
134	血液流变学在奶牛蹄叶炎研究中的应用探讨	董书伟 杨志强	中兽医医药杂志	2015	34	1	22-25	
135	仔猪腹泻研究现状浅析	杨　欣 程富胜	中兽医医药杂志	2015	34	3	78-80	

（续表）

序号	论文名称	主要完成人	刊物名称	年	卷	期	页码	备注
136	正交设计优化常山碱的醇提工艺	郭志廷	中兽医医药杂志	2015	34	4	64-66	
137	重离子辐照截短侧耳素产生菌的诱变选育	王学红	中兽医医药杂志	2015	36	6	29-31	
138	藏药牦牛角有效成分的分离与解热镇痛物质基础的研究	阎　萍	中医药学报	2015	43	2	49-52	
139	喷施硼肥对黄土高原紫花苜蓿产量的影响	陈　璐 路　远	中国草食动物科学	2015	35	4	54-56	
140	青海省某奶牛场顽固性乳房炎主要病原菌的分离鉴定与耐药性研究	林　杰 李建喜	动物医学进展	2015	36	12	98-102	
141	微量元素硒、铜、锌在饲料添加应用中存在的问题与对策	王　慧	畜牧与兽医	2015	47	8	123-126	
142	藏药研究概况	曹明泽 王学智	动物医学进展	2015	36	8	105-109	
143	牦牛角性状与相关基因的研究进展	赵娟花 阎　萍	黑龙江畜牧兽医	2016	485	09（上）	64-66	
144	丁香酚在畜牧业生产中的应用	李世宏	中国草食动物科学	2015	35	3	68-71	
145	奶牛乳房炎综合防控关键技术研究进展	刘龙海 李宏胜	中国草食动物科学	2015	35	5	56-61	
146	奶牛乳腺上皮细胞原代培养、纯化及鉴定技术研究进展	林　杰 杨志强	中国畜牧兽医	2015	42	8	2109-2115	
147	奶牛乳腺炎疫苗免疫佐剂研究进展	张　哲 李宏胜	中国奶牛	2015		14	14-18	
148	常山、常山碱及其衍生物防治鸡球虫病的研究进展	郭志廷	中国兽医学报	2015	35	8	1382-1386	
149	低致病性禽流感所致产蛋下降的中药防治效果	谢家声	家禽科学	2015	2015	10	7-9	
150	一起小尾寒羊黄花棘豆中毒病例的诊断与治疗	郝宝成	亚洲兽医病例研究	2015	4	1	1-6	
151	Improving the Local Sheep in Gansu Via Crossing with Introduced Sheep Breeds Dorset and Borderdale	孙晓萍	ANIMAL HUSBANDRY AND FEED SCIENCE	2014	6	5	229-234	

（八）出版著作（表4）

表4　出版著作总表（2014—2016年）

序号	论著名	主　编	出版单位	年份	字数（万字）
1	动物营养与饲料学理论及应用技术探究	王晓力	吉林大学出版社	2015	40.7
2	规模化养羊与疫病防控技术	朱新书	甘肃科学技术出版社	2015	39.2
3	河西走廊退化草地营养动态研究	周学辉　杨红善　常根柱	甘肃科技出版社	2015	42.0
4	家庭农场肉牛兽医手册	张继瑜	中国农业科学技术出版社	2015	21.9
5	牛病临床诊疗技术与典型医案	刘永明　赵四喜	化学工业出版社	2015	98.4
6	牛常见病中西医简便疗法	严作廷　刘永明	金盾出版社	2015	23.1
7	若尔盖高原常用藏兽药及器械图谱	尚小飞　潘　虎	中国农业科学技术出版社	2015	27.4
8	兽用药物残留研究及现状	梁剑平　郝宝成　刘　宇	北京工业大学出版社	2015	28.0
9	饲料分析及质量检测技术研究	王晓力	东北师范大学出版社	2015	40.1
10	优质羊肉生产技术	牛春娥	中国农业科学技术出版社	2015	24.8
11	中国农业科学院兰州畜牧与兽药研究所科技论文集2013	杨志强　张继瑜　王学智　周　磊	中国农业科学技术出版社	2015	72.2
12	中国农业科学院兰州畜牧与兽药研究所科技论文集2014	杨志强　张继瑜　王学智　周　磊	中国农业科学技术出版社	2015	120.8

五、科研项目申请书、建议书题录（表5）

表5　科研项目名称总表

序号	项目类别	项目名称	申报人
1	2015年度中央级基本科研业务费项目	奶牛子宫内膜炎相关差异蛋白的筛选研究	张世栋
2		大通牦牛无角基因功能研究	褚　敏
3		含有碱性基团兽药残留QuEChERS/液相色谱-串联质谱法检测条件的建立	熊　琳
4		基于Azamulin结构改造的妙林类衍生物的合成及其生物活性研究	尚若锋
5		药用植物精油对子宫内膜炎的作用机理研究	王　磊

（续表）

序号	项目类别	项目名称	申报人
6	2015年度中央级基本科研业务费项目	防治猪气喘病紫菀百部颗粒的研制	辛蕊华
7		利用LCM技术研究特异性调控绵羊次级毛囊形态发生的分子机制	岳耀敬
8		干旱环境下沙拐枣功能基因的适应性进化	张　茜
9		黄花矶松抗逆基因的筛选及功能的研究	贺洞杰
10		新型高效畜禽消毒剂“消特威”的研制与推广	王　瑜
11		苜蓿碳储量年际变化及固碳机制的研究	田福平
12		基于iTRAQ技术的牦牛卵泡液差异蛋白质组学研究	郭　宪
13		藏药蓝花侧金盏有效部位杀螨作用机理研究	尚小飞
14		基于蛋白质组学和血液流变学研究奶牛蹄叶炎的发病机制	董书伟
15		次生盐渍化土壤耐盐碱苜蓿的筛选与应用	杨世柱
16		干旱区草地生态系统气象环境监测与利用	李润林
17		甘南州优质草畜新品种推广与应用	张小甫
18		导入盘羊基因的欧拉型藏羊生物学特性及其遗传多样性研究	郎　侠
19		牧草航天诱变新种质创制研究	杨红善
20		藏羊毛色的分子调控机制研究	郭婷婷
21		益生菌发酵对黄芪有效成分变化的影响研究	孔晓军
22		电针对犬痛阈及中枢强啡肽基因表达水平的研究	王贵波
23		发酵黄芪多糖对病原侵袭树突状细胞的作用机制研究	秦　哲
24		抗逆优质旱生牧草新品种选育研究	时永杰
25		牦牛高原低氧适应和群体进化选择模式研究	丁学智
26		甘肃野生黄花矶松的驯化栽培	路　远
27		国内外优质牧草种质资源圃建立及利用	朱新强
28	因公出国境培训计划	赴肯尼亚ILRI执行2015年度CAAS-CGIAR合作研究	秦　哲

（续表）

序号	项目类别	项目名称	申报人
29	国家自然科学基金	高寒草甸种质资源与土壤微生物群系相关性研究	王晓力
30		仔猪腹泻免疫抑制特点的证候状态学研究	罗超应
31		阿司匹林丁香酚酯预防血栓的调控机制研究	李剑勇
32		基于 mecA 基因表达调控的金黄色葡萄球菌对甲氧西林隐藏性耐药的分子机制	蒲万霞
33		含有杂环结构的截短侧耳素类衍生物的化学合成、生物活性及构效关系研究	尚若锋
34		SIgA 在产后奶牛子宫抗细菌感染免疫中的作用机制研究	王东升
35		牧草根系分泌物对盐碱地改良与土壤微生物影响的相关性研究	朱新强
36		青藏高原高寒草甸植物开花物候及其适应性研究	杨　晓
37		基于线粒体比较蛋白组学的牦牛低氧适应机制研究	包鹏甲
38		miR-125b 介导 FGF5 表达调控绒山羊次级毛囊周期性发育的机制研究	袁　超
39		紫花苜蓿航天诱变多叶性状突变体遗传特性研究	杨红善
40		基于免疫共沉淀联合质谱鉴定和蛋白质组学相结合筛选Ⅰa型牛源无乳链球菌菌体蛋白中的免疫原性蛋白	王旭荣
41		基于 LC-MS/MS 技术的奶牛胎衣不下基本病机“血瘀”的代谢组学研究	崔东安
42		Fos/Jun 蛋白与阿片肽基因表达在犬电针镇痛中的相关性研究	王贵波
43		基于 LC/MS、NMR 分析方法的犊牛腹泻中兽医证候本质的代谢组学研究	王胜义
44		射干地龙颗粒调控转录因子活化蛋白-1 治疗支气管哮喘的机制研究	辛蕊华
45		4-去氧鬼臼毒素 D-环修饰衍生物的合成及其抗蠕虫活性	王娟娟
46		1H9 细胞源喹乙醇单抗可变区定点突变与特异性亲合力改进	张景艳
47		锰离子对小肠黏膜组织蛋白表达的影响及其作用机制研究	王　慧
48		秦巴山区域性道地药材在特色畜禽健康养殖中的综合利用	李建喜
49		青藏高原畜禽遗传资源数据库构建及利用	阎　萍
50		畜牧业大数据云平台和技术创新战略联盟建设	杨博辉

（续表）

序号	项目类别	项目名称	申报人
51	“十三五”需要科技优先解决的农业重大问题	我国主要畜禽常发非传染性疾病监测分析	李建喜
52		我国传统民族兽医药资源及利用现状监测与分析	李建喜
53		中药药渣和非药用部位微生物转化工程技术	李建喜
54		西北地区农业废弃物高质化循环经济模式技术集成与示范	王晓力
55		高寒牧区主导畜种提质增效关键技术集成与示范	阎　萍
56		新丝路带特色畜种安全生产盲点接口技术研究	阎　萍
57		牧草种质资源的创制与新品种选育	田福平
58		青藏高原生态畜牧业系统草畜平衡关键技术研究与示范	李锦华
59		动物重要疾病防治新药的创制	李剑勇
60		中兽药防控动物球虫病的关键技术研究	梁剑平
61		农牧区动物重大寄生病药物防控技术研究	张继瑜
62		牧区牛羊抗寄生虫药耐药性及对草原环境生态学影响监测分析	张继瑜
63		基于靶标作用的兽用药物创制	张继瑜
64		奶牛重要普通病共性关键技术研究开发与应用	严作廷
65		畜禽主要疾病减抗防控与动物保健提质增效技术	李建喜
66		中兽医药精准化抗病关键技术	李建喜
67	甘肃省科技厅计划项目	饲用甜高粱草畜转化及利用关键技术研究与示范	王晓力
68		牦牛繁殖调控关键技术研究与集成示范	郭　宪
69		治疗奶牛产后湿热带下证中药“丹翘灌注液”的研究与开发	严作廷
70		治疗羔羊痢疾中兽药乌锦颗粒的创制	王胜义
71		奶牛隐性乳房炎防治药物的研制与应用	苗小楼
72		狼尾草的抗逆性及遗传多样性研究	张怀山
73		抗-Mas IgY在奶牛乳腺抗细菌感染免疫中的机理研究	王　玲
74		抗炎中药体外高通量筛选技术的构建与应用	张世栋
75		关键差异表达miRNAs在大通牦牛角组织分化中的作用机制研究	褚　敏
76		SIgA抗产后奶牛子宫化脓隐秘杆菌感染的作用机制研究	王东升
77		牦牛氧利用和ATP合成通路中关键蛋白的筛选及鉴定	包鹏甲
78		奶牛蹄叶炎发生发展过程的血液蛋白标志物筛选	董书伟
79		苦马豆素抗牛病毒性腹泻病毒作用机制研究	郝宝成
80		阿司匹林丁香酚酯降血脂调控机理研究	杨亚军

（续表）

序号	项目类别	项目名称	申报人
81	甘肃省科技厅计划项目	丁香酚杀螨作用机理研究及衍生物的合成与优化	尚小飞
82		牦牛瘤胃纤维降解相关微生物的宏转录组研究	丁学智
83		防治猪病毒性腹泻中药复方新制剂的示范与推广	王东升
84		新丝绸之路经济带民族地区畜产品安全生产与品牌创新模式研究	杨博辉
85		抗病毒中兽药“金丝桃素”在苏丹的应用	梁剑平
86	甘肃省农业生物技术研究与应用开发项目	甘肃牦牛瘤胃液发酵中药有益微生物的选育与应用	张景艳
87		甘肃省牛绒抗生素残留关键风险因子与过程控制技术研究	熊　琳
88		牦牛繁殖性能相关候选基因的挖掘及应用研究	褚　敏
89		防治鸡病毒性呼吸道感染中兽药的研究及应用开发	王贵波
90	科技部星火计划	新型高效牛羊微量元素舔砖的产业化与示范推广	王胜义
91		防治猪气喘病紫菀百部颗粒的推广与集成示范	辛蕊华
92	兰州市科技发展计划项目	防治奶牛胎衣不下中兽药制剂归芎益母散的创制与应用	崔东安
93		地藿口服液的研制与应用	尚小飞
94		基于网络药理学思路研发治疗牦牛腹泻藏药“牦牛止泻散”	孔晓军
95		促进奶牛产后恶露排除的中药制剂研究	王东升
96	2016年农业标准	兰州大尾羊	高雅琴
97		岷县黑裘皮羊	王宏博
98		有机牦牛饲养管理技术规程	梁春年
99		牦牛乳碱性磷酸酶的检测方法	梁春年
100		牦牛种公牛选育技术规程	梁春年
101		牦牛抓绒技术规程	梁春年
102		标准化牦牛养殖场建设规范	梁春年
103		牦牛犊牛肉生产技术规范	梁春年
104		食用苜蓿技术标准规范	田福平
105	2016年农业标准立项建议	青贮裹包饲料加工技术操作规程	王晓力
106		糟渣类副产物发酵饲料	王晓力
107		饲用高粱	王晓力
108		羔羊痢疾防治技术规范	刘永明
109		羊肉和羊肝中阿维菌素类药物残留量的检测 高效液相色谱-串联质谱法	张继瑜
110		猪可食性组织中阿维菌素类药物残留量的检测 液相色谱-串联质谱法	张继瑜
111		中药常山 HPLC 检测标准制定	郭志廷

（续表）

序号	项目类别	项目名称	申报人
112	2016年度基本科研业务费预算增量项目	极端环境下牦牛瘤胃甲烷排放代谢模式及生物学调控机理	丁学智
113		基于CRISPR-Cpf1系统研究XLOC005698 lncRNA在绵羊次级毛囊形态发生中对oar-miR-3955-5p的调控机制	岳耀敬
114		旱生苜蓿叶绿体抗旱蛋白的筛选鉴定及相关基因克隆	张　茜
115		新兽药“射干地龙颗粒”的集成示范与推广应用	辛蕊华
116		航苜1号紫花苜蓿的生产示范	杨红善
117		抗球虫中兽药常山口服液的研制	郭志廷
118		预防奶牛乳房炎新型菌体-糖蛋白复合疫苗的研究与应用	李宏胜
119		发酵黄芪多糖增强肠黏膜免疫的TLR信号通路研究	李建喜
120	农业行业标准制定和修订项目	乳成分快速测定方法 乳成分分析仪法	高雅琴

六、研究生培养（表6）

表6 研究生培养情况总表

序号	导师姓名	专业	2015年招生情况			2015年毕业情况		
			学生姓名	所在学校	类别	学生姓名	所在学校	类别
1	杨志强	基础兽医学	张世栋	研究生院	博士	王孝武	研究生院	硕士
			孙静	研究生院	硕士			
			徐进强	甘肃农业大学	硕士			
2	张继瑜	基础兽医学	朱　阵	研究生院	博士	朱阵	研究生院	硕士
			马兴斌	甘肃农业大学	博士	邢守叶	甘肃农业大学	硕士
			邵莉萍	研究生院	硕士	宫士越	甘肃农业大学	硕士
3	刘永明	临床兽医学				李胜坤	研究生院	硕士
4	李剑勇	基础兽医学	马　宁	研究生院	博士	郭沂涛	研究生院	硕士
			申栋帅	研究生院	硕士			
			周　豪	甘肃农业大学	硕士			
5	李建喜	基础兽医学	侯艳华	研究生院	硕士	陈婕	研究生院	硕士
6	郑继方	中兽医学				任丽花	研究生院	硕士
7	梁剑平	基础兽医学	衣云鹏	研究生院	博士	吴国泰	研究生院	博士
			秦文文	研究生院	硕士	张超	研究生院	硕士

（续表）

序号	导师姓名	专业	2015 年招生情况			2015 年毕业情况		
			学生姓名	所在学校	类别	学生姓名	所在学校	类别
8	阎　萍	动物遗传育种与繁殖	凌笑笑	研究生院	硕士	吴晓云	研究生院	博士
						褚　敏	研究生院	博士
						赵娟花	研究生院	硕士
						张建一	甘肃农业大学	硕士
9	杨博辉	动物遗传育种与繁殖	张剑搏	研究生院	硕士			
10	李宏胜	临床兽医学	王　丹	研究生院	硕士			
			张亚茹	甘肃农业大学	硕士			
11	王学智	临床兽医学	王丹阳	研究生院	硕士			
12	严作廷	临床兽医学	桑梦琪	研究生院	硕士	邝晓娇	研究生院	硕士
			杨洪早	甘肃农业大学	硕士	魏立琴	甘肃农业大学	硕士
13	蒲万霞	基础兽医学	赵吴静	研究生院	硕士			

七、学术委员会成员

主　任：　杨志强

副主任：　张继瑜

秘　书：　王学智

委　员：　夏咸柱　南志标　吴建平　才学鹏　杨志强　张继瑜　刘永明　杨耀光
郑继方　吴培星　梁剑平　杨博辉　阎　萍　时永杰　常根柱　高雅琴
王学智　李建喜　李剑勇　严作廷

第三部分　人才队伍建设

一、创新团队

2015年，研究所全面实施创新工程。“奶牛疾病创新团队”“牦牛资源与育种创新团队”“兽用化学药物创新团队”“兽用天然药物创新团队”“兽药创新与安全评价创新团队”“中兽医与临床创新团队”“细毛羊资源与育种创新团队”“寒生旱生灌草新品种选育创新团队”8个创新团队获得院科技创新工程经费1 760万元。机制创新是创新工程的保障。为发挥创新工程对研究所科研的引领和撬动作用，在充分调研的基础上，遵循协同、高效的原则，优化科技资源配置，对原有研究室、课题组进行重组，按团队和学科对研究所未进入创新团队的人员，依据专业及团队需求和工作任务进行调整，将其纳入相应学科的创新团队，并由团队统一组织管理，统一确定研究任务，统一实施考核，使全体科研人员均按照创新团队目标任务开展科研工作。为充分调动科研人员的能动性和创造力，推进研究所科技创新工程建设，建立有利于提高科技创新能力、多出成果、多出人才的激励机制，进一步厘清学科发展定位，突出优势特色，激发创新活力，构建较为完善的创新工程配套体系，修订了研究所《科研人员岗位业绩考核办法》《奖励办法》等，量化考核指标，体现既重视科研投入，更突出科研产出。办法的实施，有力推动了研究所科技创新，有效发挥了创新工程对改革的促进作用，激发了全所干部职工创新热情，也为研究所探索建立以绩效管理为核心的科研创新机制奠定了基础，全年科技创新取得重大进展。科技投入实现新的增长，科研成果大幅增加，科研论文质量、专利数量有了明显上升，成果转化有了新的进展。特别值得一提的是，在院创新工程的支持下，高山美利奴羊新品种培育成功，并通过了国家审定。

（一）奶牛疾病创新团队

奶牛疾病创新团队共有13名成员。团队首席杨志强研究员，研究骨干岗位5人，研究助理岗位7人；其中研究员4人，副研究员3人，助理研究员6人；博士4人，硕士6人。团队主要从事奶牛重要疾病的基础、应用基础和应用研究。开展了奶牛蹄叶炎和奶牛子宫内膜炎致病机制相关蛋白组学研究及白虎汤干预下家兔气分证证候相关蛋白互作机制研究。进行了治疗犊牛腹泻、奶牛卵巢静止、持久黄体、子宫内膜炎中兽药的研究，开展了预防奶牛营养缺乏症营养添砖和缓释剂的研究。研制出“丹翘灌注液”“乌锦颗粒”和“肺炎合剂”中兽药3个，奶牛专用营养舔砖3个。进行了奶牛乳房炎流行病学调查、主要病原菌血清型分型分布及耐药基因研究，进行了奶牛乳房炎多联苗的研制及应用。

奶牛疾病创新团队2015年新立项项目5项，其中国家自然科学青年基金项目1项，甘肃省科技支撑计划2项，甘肃省自然基金项目2项。申报发明专利11项，获得授权发明专利3项，实用新型专利23项；发表论文26篇（其中SCI论文7篇）。出版著作2部；制定并颁布行业标准“奶牛隐性乳房炎快速诊断技术”。1人被中国畜牧兽医学会评为优秀牛病科研工作者；培养研究生4名，培养骨干专家1人。

（二）牦牛资源与育种创新团队

牦牛资源与育种团队共有16名成员。团队首席阎萍研究员；骨干岗位4人，助理岗位12人；

研究员2名，副研究员8名，助理研究员6人。本年度主要在无角牦牛新品种选育、牦牛毛囊发育研究、高寒低氧适应性研究、代乳料对甘南牦牛犊牛生长发育及母牦牛繁殖性能的影响、牦牛相关功能基因的研究等领域开展了大量研究工作。发表论文28篇（其中SCI论文7篇）。编著著作1部，授权发明专利6项，实用新型专利64项，制定农业行业标准2项。培养研究生4人，派出1人到英国皇家兽医学院进行为期半年的交流与合作，派出7人次赴国外进行短期学术交流。

（三）兽用化学药物创新团队

2015年是兽用化学药物创新团队进入中国农业科学院科技创新工程第二批试点单位的第二年。团队首席为李剑勇研究员，团队成员6人，包括首席专家1名、骨干（副研究员）1名，助理（助理研究员）4名。其中2人具有博士学位、4人具有硕士学位。成员专业涵盖药物化学、药物分析、临床兽医学及分子生物学等专业，成员分工明确、结构合理，形成了一支具有较强创新力和凝聚力的研究团队。兽用化学药物创新团队开展了兽用化学药物基础研究和应用研究。本年度获兰州市技术发明三等奖1项；发表论文6篇，其中SCI论文2篇；授权国家发明专利1项，授权实用新型专利13项；团队引进科研人员1名；培养硕士研究生2名；团队首席李剑勇获得国务院政府特殊津贴、当选中国畜牧兽医学会兽医药理与毒理学分会副秘书长；3名团队成员赴瑞士和荷兰合作交流，1人到肯尼亚国际家畜研究所开展了为期3月的学习和工作。

（四）兽用天然药物创新团队

兽用天然药物创新团队首席为梁剑平研究员，团队人数为11人，其中研究员2人，副研究员4人，助理研究员5人，都是硕士研究生及以上学历，科研方向合理，具备一定的科研竞争力。通过对创新团队团队意识的培养，不断提升团队凝聚力、创新力和竞争力。营造善于创新、崇尚竞争、不断学习、开放包容的科研环境，为团队成员创造一个公平竞争、和谐向上的成长环境，增强科研内聚力。

本年度获得授权国家专利31项，其中发明专利3项，实用新型专利28项；发表论文21篇，其中SCI论文5篇；出版著作1部；获2015年甘肃省科学技术发明三等奖1项，获第九届大北农科技成果二等奖1项；培养硕士研究生2名；团队5人赴苏丹交流访问。

（五）兽药创新与安全评价创新团队

兽药创新与安全评价创新团队首席为张继瑜研究员，团队人数为10人，其中研究员1人，副研究员5人，助理研究员4人，博士3人，硕士4人。主要进行抗寄生虫和抗病毒药物靶标筛选、筛选方法及其体系构建，抗动物原虫、抗菌抗炎药物的研制与开发，新型纳米载药系统构建、兽药新复方制剂和新型剂型开发、制剂新辅料研究；药理毒理学主要开展新兽药作用机理与毒性机制、抗生素耐药机理研究、化学药物和抗生素兽药残留及其对食品安全的影响，中兽药安全评价体系。立足现代化、新技术、新方法，开展兽用天然药物新制剂、质量控制方法及技术研究。

获得中华农业科技奖二等奖（第三完成单位）1项，兰州市科技进步二等奖1项，甘肃省农牧渔业丰收奖一等奖1项；授权发明专利2项，授权实用新型专利24项；发表论文16篇，其中SCI收录3篇；主编著作2部；培养博士后1人，培养硕士研究生3名。团队5人次出访美国食品药品监督管理局兽药中心进行交流与访问。

（六）中兽医与临床创新团队

中兽医与临床创新团队首席为李建喜研究员，团队人数为14人，其中研究员4人，副研究员4人，助理研究员5人。重点研究方向为中兽医针灸效应物质基础、中兽医理论与方法、中兽医群体辨证施治、传统兽医药资源整理与利用、中兽医分子生物学、中兽医药现代化与新产品创制、中西兽医结合防治畜禽疾病新技术等研究。

团队2015年在研课题共23项，到位科研经费689万元，团队10人次先后出访泰国清迈大学、俄罗斯毛皮动物研究所、荷兰、西班牙、美国进行人才交流与科技合作；团队1人赴肯尼亚开展国际合作交流，参加了为期 3 个月的培训。获得新兽药证书 2 项；授权发明专利 5 项，实用新型专利 6 项；发表论文 28 篇，其中 SCI 论文 4 篇，中文核心 15 篇，其他论文 9 篇；编写著作 5 部；培养硕士研究生 3 人。

（七）细毛羊资源与育种创新团队

细毛羊资源与育种创新团队首席为杨博辉研究员，团队人数为 9 人，其中研究员 1 人，副研究员 4 人，助理研究员 4 人，其中博士 3 人，硕士 3 人。重点开展细毛羊重要基因资源发掘、评价、鉴定、编辑及种质创新，解析细毛羊产品产量、产品品质、抗病性、抗逆性、高原适应性等重要性状形成的分子遗传机理，挖掘一批具有重要应用价值和自主知识产权的功能基因，研究重要性状多基因聚合的分子标记辅助选择技术，突破基因克隆及功能验证、转基因和全基因组选择等关键技术。优化联合育种、开放式核心群育种及 BLUP 等常规育种技术，构建细毛羊常规育种与分子育种相结合的新品种育种技术平台。研究细毛羊标准规模化养殖技术，繁殖调控生物技术，细羊毛标准化生产、质量控制及流通技术，集成细毛羊标准规模化养殖及产业化技术体系。

2015 年，细毛羊资源与育种创新团队顺利完成细毛羊新品种“高山美利奴羊”的选育与审定；建立试验基地 5 个，示范点（区）11 个；培养技术骨干 4 名，培养博士 2 名、硕士 13 名；在甘肃、新疆、四川等省区举办培训班 22 次，培训岗位人才 252 人次，技术人员 1 387名，培训农民人 960 次，合计 2 599人次；制定国家标准 6 项，采用国家标准 1 项；申请专利 64 项，授权发明专利 3 项，实用新型申请专利 40 项；研究报告、论文 54 篇，SCI 论文 6 篇；获省部级奖励 1 项，鉴定省部级成果 1 项。

（八）寒生、旱生灌草新品种选育创新团队

寒生、旱生灌草新品种选育创新团队首席为田福平副研究员，团队人数为 15 人，其中研究员 2 人，副研究员 3 人，助理研究员 10 人。寒生、旱生灌草新品种选育创新团队立足黄土高原和青藏高原，开展草业及草畜结合产业技术的基础、应用基础和应用创新研究，主攻西部优势牧草品种选育和抗逆品种引进及驯化，开展牧草种质资源、草地生态、饲草饲料研究，兼顾新技术、新品种推广及产业化开发，为国家和地方草产业的健康、持续发展和生态环境建设提供技术支撑。

寒生、旱生灌草新品种选育创新团队 2015 年度整理整合寒生、旱生灌草基因资源 900 份，发掘具有优异抗逆和品质特性的育种材料 12 份；培育优质寒生、旱生灌草植物新品系 2 个，2 个省级新品种参加国家区域试验。授权专利 68 项，其中发明专利 1 项，整理整合灌草资源 250 份，评价鉴定寒生、旱生灌草优异资源 140 份；引种 6 种优异野生资源，筛选抗寒优异功能基因 1 个；出版专著 3 部，发表论文 18 篇，其中 SCI 论文 3 篇，EI 论文 2 篇，培养研究生 5 名。有 4 人赴美国华盛顿州立大学和康奈尔大学进行学术交流，1 人访问俄罗斯国立毛皮与家兔研究所。

二、职称职务晋升

根据《中国农业科学院关于公布 2014 年度晋升专业技术职务任职资格人员名单的通知》（农科院人〔2015〕95 号）文件精神，2015 年研究所有 8 人晋升专业技术职务，其中：

1. 高级技术职务

研究员：王学智

副研究员：王旭荣　王宏博　刘建斌

副编审：肖玉萍

以上五人专业技术职务任职资格从 2015 年 1 月 1 日算起，专业技术职务聘任时间从 2015 年 2 月 1 日算起。

2. 中级技术职务

朱新强、杨峰、李润林助理研究员，任职资格和专业技术职务聘任时间均从 2014 年 7 月 1 日算起。

第四部分　条件建设

一、购置的大型仪器设备

2015 年度修购专项“中国农业科学院前沿优势项目：牛、羊基因资源发掘与创新利用研究仪器设备购置”项目购置仪器设备 14 台套（表 7）。

表 7　购置大型仪器清单

序号	仪器名称	数量	价格（万元）	存放地点
1	全自动蛋白质表达分析系统	1	95.00	畜牧研究室
2	超灵敏多功能成像仪	1	32.00	畜牧研究室
3	全自动电泳系统	1	26.50	畜牧研究室
4	激光显微切割系统	1	116.00	畜牧研究室
5	牛羊冷冻精液制备系统	1	68.90	畜牧研究室
6	高速冷冻离心机	1	25.00	畜牧研究室
7	全自动多功能荧光、活体成像系统	1	45.00	畜牧研究室
8	精子分析仪	1	29.50	畜牧研究室
9	自动移液工作站	1	42.80	畜牧研究室
10	生物信息专用服务器系统	1	59.75	畜牧研究室
11	全自动生化分析仪	1	30.00	畜牧研究室
12	梯度 PCR 仪	1	14.80	畜牧研究室
13	荧光定量 PCR 仪	1	36.80	畜牧研究室
合计		14	622.05	

二、立项项目

（一）修购专项—公共安全项目：农业部兰州黄土高原生态环境重点野外科学观测试验站观测楼修缮项目

来源：中央级科学事业单位修缮购置专项资金（房屋修缮类项目）

立项批复文件：农业部财务司关于下达 2016 年“一下”预算控制数的通知（农财预函〔2016〕1 号）。

建设内容：对农业部兰州黄土高原生态环境重点野外科学观测试验站观测楼进行整体维修，主要内容包括：

1. 加固及维修工程

（1）地基及基础加固：对地基及基础进行加固处理。

（2）墙面加固：对承重墙体进行加固处理，提高墙体的承载力及延性。

（3）梁柱加固：对现浇梁下预制板进行支托以增加板的支承长度。

（4）屋面板加固：对屋面板进行加固，提高结构整体性。

2. 屋面保温及防水改造工程

拆除原有屋面防水层，改做挤塑聚苯板保温，铺设防水卷材。

3. 室内外墙面、天棚、地面工程

（1）外墙改造：铲除原有涂料，增加挤塑聚苯板，贴外墙砖。

（2）内墙改造：铲除原有涂料，重新刮腻子刷乳胶漆；卫生间、走廊墙体贴砖。

（3）楼地面改造：拆除原有地面，重新铺设玻化砖，走廊及楼梯间为花岗岩面层，厨房卫生间地面设防水。

（4）吊顶改造：拆除原石膏板吊顶，改为轻钢龙骨矿棉板吊顶。

4. 门窗更换

拆除旧门窗，更换为断桥隔热平开窗、钢制保温防盗门。

5. 给排水、暖通、电气改造

更换部分老化电线及灯具，更换卫生洁具及管线，铺设给排水管线，采暖系统，喷淋系统，消火栓系统，动力照明、综合布线、有线电视、防雷接地，监控系统，火灾报警系统等。

6. 室外工程

拆除原破损混凝土地面，基层处理后重新硬化地面。

增加室内外管沟，安装 $60m^3$ 玻璃钢化粪池 1 座；增加钢筋混凝土消防水池 1 座，配套水泵。

投资规模：320.00 万元

（二）修购专项—牧草新品种选育及草地生态恢复与环境建设研究仪器设备购置项目

来源：中央级科学事业单位修缮购置专项资金（仪器设备购置类项目）

立项批复文件：农业部财务司关于下达 2016 年“一下”预算控制数的通知（农财预函〔2016〕1 号）。

建设内容：购置相关仪器设备 24 台套（表 8）。

表 8　购置仪器设备明细表

序号	仪器名称	数量	采购金额（万元）
1	溶液养分分析系统	1	10.00
2	土壤养分测定仪	1	5.00
3	自动土壤呼吸监测系统	1	70.00
4	植物种子分析仪	1	23.00
5	种子成熟度分析仪	1	24.00
6	调制叶绿素荧光成像系统	1	54.00
7	植物生理生态监测系统	1	39.00
8	叶片光谱探测仪	1	15.00
9	植物多酚-叶绿素测量仪	1	9.00
10	便携式紫外-可见光荧光仪	1	25.00
11	移动式激光 3D 植物表型平台	1	98.00
12	便携式植物压力室	1	10.00

（续表）

序号	仪器名称	数量	采购金额（万元）
13	高级光合作用系统	1	40.00
14	多探头连续监测荧光仪	1	40.00
15	实时荧光定量 PCR 仪	1	40.00
16	核酸提取系统	1	40.00
17	近红外成分测定仪	1	35.00
18	总有机碳分析仪	1	38.00
19	多功能酶标仪	1	38.00
20	便携式光合作用测量仪	1	38.00
21	全自动人工气候室	1	25.00
22	冷冻切片机	1	20.00
23	双向电泳系统	1	34.00
24	双通道 PAM-100 测量系统	1	25.00
合计		24	795.00

投资规模：805.00 万元

三、实施项目

（一）中国农业科学院共建共享项目——张掖、大洼山综合试验站基础设施改造

来源：中央级科学事业单位修缮购置专项资金（基础设施改造类项目）

年度建设内容：

（1）完成张掖综合试验站基础设施改造收尾工作，进行工程结算审核和档案资料的整理归档。

（2）完成大洼山锅炉煤改气工程锅炉房土建、安装及装饰工程；完成了锅炉房庭院燃气管线铺设和配套设备的安装。

投资规模：1 057.00 万元

（二）中国农业科学院公共安全项目—所区大院基础设施改造

来源：中央级科学事业单位修缮购置专项资金（基础设施改造类项目）

年度建设内容：

（1）完成项目工程结算审核、财务决算及审计。

（2）完成项目档案资料整理、归档。提交项目验收申请材料。

投资规模：650.00 万元

（三）中国农业科学院前沿优势项目：牛、羊基因资源发掘与创新利用研究仪器设备购置

来源：中央级科学事业单位修缮购置专项资金（仪器设备购置类项目）

年度建设内容：

（1）完成项目进口仪器采购申请；完成仪器设备公开招标。

（2）购置相关仪器设备 14 台套（表 9）。

表 9　购置相关仪器设备清单

序号	仪器名称	数量	价格（万元）	存放地点
1	全自动蛋白质表达分析系统	1	95.00	畜牧研究室
2	超灵敏多功能成像仪	1	32.00	畜牧研究室
3	全自动电泳系统	1	26.50	畜牧研究室
4	激光显微切割系统	1	116.00	畜牧研究室
5	牛羊冷冻精液制备系统	1	68.90	畜牧研究室
6	高速冷冻离心机	1	25.00	畜牧研究室
7	全自动多功能荧光、活体成像系统	1	45.00	畜牧研究室
8	精子分析仪	1	29.50	畜牧研究室
9	自动移液工作站	1	42.80	畜牧研究室
10	生物信息专用服务器系统	1	59.75	畜牧研究室
11	全自动生化分析仪	1	30.00	畜牧研究室
12	梯度 PCR 仪	1	14.80	畜牧研究室
13	荧光定量 PCR 仪	1	36.80	畜牧研究室
合计		14	622.05	

投资规模：625.00 万元

四、验收项目

（一）中国农业科学院共享试点：区域试验站基础设施改造

来源：中央级科学事业单位修缮购置专项资金（基础设施改造类项目）

建设内容：

（1）改造扩建植物加代人工气候室 2 016m^2。将简易温室改造为连栋玻璃温室，以适应旱生牧草新品种的选育的需要。

（2）区域试验站试验田改造与建筑物周围、道路两傍塌陷、滑坡治理以及地界权益的保护。包括试验田改造移动土方 20 万 m^3、修筑沟坡沿混凝土块石挡土墙 1 200m、网状固定柱 1 490m^2；修筑地界围栏 7 500m。

（3）现有的 1 200亩试验田渠灌改喷灌工程。

投资规模：2 090.00万元

验收意见：受农业部科技教育司委托，2015 年 11 月 5~6 日，农业部科技发展中心组织专家对中国农业科学院兰州畜牧与兽药研究所承担的“中国农业科学院共享试点—区域试验站基础设施改造”（项目编号：125161032201）进行验收。按照《农业部科学事业单位修缮购置专项资金修缮改造项目验收办法（试行）》规定，验收专家组查看了项目现场，听取了项目执行情况汇报，查阅了工程和财务档案资料，经质询讨论，形成验收意见如下：

（1）项目按批复的实施方案完成了“中国农业科学院共享试点—区域试验站基础设施改造”建设内容。工程完工后经项目单位、设计单位、监理单位和施工单位联合验收，质量合格，已投入使用。

（2）项目落实了法人责任制，执行了招投标制、合同制和监理制。

（3）经甘肃立信浩元会计师事务有限公司审计，项目资金管理符合《中央级科学事业单位修缮购置专项资金管理办法》及有关规定，经费实行专项核算、专款专用。

（4）项目档案资料基本齐全。

项目的实施大大改善了区域试验站的基础设施条件，实现了黄土高原草畜生态系统结构、演替规律和功能检测、生态系统管理与生产过程检测、生态系统健康检测、生态系统安全预警体系建设、生态系统的试验、研究与示范、生态环境治理研究与示范等功能。

经研究，验收组同意该项目通过验收。

（二）畜禽产品质量安全控制与农业区域环境监测仪器设备购置

来源：中央级科学事业单位修缮购置专项资金（仪器设备购置类项目）

建设内容：完成批复的36台仪器的到货及安装调试。完成结余经费增购4台仪器设备的采购安装调试。本项目仪器支持了新兽药工程研究室、大洼山野外台站及质检中心三个平台的科技条件建设，为研究所畜禽产品质量安全控制与农业区域环境监测研究奠定了坚实的基础。

投资规模：1 350.00万元

验收意见：2015年11月3~4日，中国农业科学院组织验收专家组在甘肃兰州对中国农业科学院兰州畜牧与兽药研究所承担的“畜禽产品质量安全评价与农业区域环境监测仪器设备购置”（项目编码：125161032301）项目进行了验收，专家组听取了项目单位关于实施情况的汇报，审阅了相关材料，查验了现场，经质询和讨论，形成如下意见：

（1）项目按照《农业部科学事业单位修缮购置专项资金项目实施方案》（农办科［2012］8号）的批复进行了实施，对照项目设备购置清单，批复采购设备36台套，实际采购设备40台套，项目内容已全部完成。

（2）项目管理组织健全，按照项目管理办法，成立了项目领导小组，并由专门部门负责项目的具体实施。项目组织管理规范，项目实施符合国家相关法律法规要求。

（3）仪器设备采购程序符合国家相关规定。采用公开招标方式采购设备36台套。利用结余资金增购国产仪器设备4台套。全部设备已安装调试完毕并投入使用，运行情况良好。

（4）项目经费使用情况经甘肃立信会计师事务有限公司审计并出具审计报告。财务管理情况良好，专项经费实行了专账管理、专款专用，资金使用规范。

（5）项目档案资料齐全，各项手续完备。资料已分类、立卷、归档。

（6）项目的实施，使研究所的科研仪器条件和设施得到改善和加强，初步满足了新兽药研制工作中对分析检测仪器的需求，提升了兽药安全性评价、畜禽产品药物残留检测和农业区域环境监测工作的准确性和可靠性，极大地提高了研究所科技创新能力。

专家组一致同意通过验收。

第五部分　党的建设与文明建设

研究所党务工作按照2015年年初制定的工作要点，在理论学习、组织建设、工青妇、统战工作、党风廉政建设、文明建设、离退休职工管理工作等方面精心组织，狠抓落实，为研究所各项工作的顺利开展提供了坚强保障。

一、理论学习

按照研究所2015年党务工作要点以及职工学习教育计划安排意见，以中心组学习、支部学习和集体学习教育等多种形式，开展了一系列学习教育活动。制定了《中国农业科学院兰州畜牧与兽药研究所2015年党务工作要点》《中国农业科学院兰州畜牧与兽药研究所2015年职工学习教育安排意见》，对研究所学习教育活动进行了安排，确保学习教育活动有序开展。

1月22日，召开2014年度领导班子民主生活会。会议的主题是严格党内生活，严守党的纪律，深化作风建设，认真贯彻中央"八项规定"精神，坚决反对"四风"，持续抓好党的群众路线教育实践活动整改落实。采取召开座谈会、发放征求意见表、开展谈心谈话等活动广泛征求党员群众意见建议。通报了教育实践活动专题民主生活会整改落实情况，进行了群众满意度测评，群众满意和比较满意的达到97.6%，整改落实情况得到职工的充分认可。在民主生活会上，所长、党委副书记杨志强代表所领导班子作对照检查。之后，所领导班子成员依次作了个人对照检查。向院直属机关党委提交了《关于开展教育实践活动整改落实情况"回头看"工作总结报告》。

2月4日，召开职工大会，杨志强所长传达了中国农业科学院2015年工作会议精神，学习了李家洋院长题为《全面实施科技创新工程 推进现代农业科研院所建设再上新台阶》的工作报告。刘永明书记传达了农业部和中国农科院2015年党风廉政建设工作会议精神，学习了中央纪委驻农业部纪检组组长宋建朝的讲话、院党组书记陈萌山的讲话和院党组纪检组组长史志国在党风廉政建设会议上的工作报告。

2月5日上午，召开理论学习中心组2015年第一次会议，学习传达贯彻中国农业科学院2015年党风廉政建设会议精神。刘永明书记传达了中央纪委驻农业部纪检组组长宋建朝、中国农业科学院党组书记陈萌山在中国农业科学院2015年党风廉政建设工作会议上的讲话，传达了院党组成员、纪检组组长史志国在中国农业科学院2015年党风廉政建设工作会议上的工作报告，学习了《关于严禁中国农业科学院工作人员收受礼金的实施细则》《关于进一步严明纪律确保务实节俭廉洁过节的通知》《关于做好2015年春节期间有关工作的通知》等文件精神，并对研究所进一步做好党风廉政建设工作提出了具体要求。

4月22日，召开理论学习中心组第二次会议，学习中国农业科学院落实基层党组织主体责任、监督责任会议精神及中国农业科学院开展科研经费专项整治活动会议精神，部署科研经费专项检查工作。与会人员认真学习了陈萌山书记在中国农业科学院基层党组织书记落实党风廉政建设主体责任暨纪检干部专题轮训班上的报告和中国农业科学院党组关于落实党风廉政建设主体责任监督责任的意见，史志国组长在中国农业科学院科研经费专项整治活动暨纪检监察干部培训会上的讲话精神，中国农业科学院开展科研经费专项整治活动的意见和工作方案。

6月3日，研究所“三严三实”专题教育活动正式开始。党委书记刘永明为处级以上领导干部作了题为“践行三严三实，培育优良作风，推进创新发展”的党课。

6月26日，组织召开了“庆祝中国共产党成立九十四周年报告会”，邀请甘肃省委讲师团团长、省宣传干部培训中心主任、省理论教育信息中心主任白坚，为全体党员、职工、研究生作了题为《坚持“四个全面”，践行“三严三实”，牢记责任使命，推进创新发展》的报告。

7月3日，开展了“强化廉政意识，落实廉政责任”参观学习教育活动。

10月20日、10月29日，分别召开了“三严三实”专题研讨会。杨志强所长从“三严三实”的内涵和意义、不严不实的危害以及在新常态下做好研究所工作3个方面进行了讲解。与会人员对“三严三实”进行了深入讨论与交流。

11月4日，邀请中国农业科学院财务局刘瀛弢局长到研究所作了题为《践行三严三实 又好又快执行预算》的管理学术报告。

11月27日，召开理论学习中心组会议，学习十八届五中全会精神。刘永明书记传达了《中共中国农业科学院党组关于学习宣传贯彻党的十八届五中全会精神的通知》《中国共产党第十八届中央委员会第五次全体会议公报》，集体观看了由国家行政学院王小广教授主讲的十八届五中全会专题辅导视频报告《“十三五”规划建议的新理念新思路新举措》，学习了《人民日报》社论、有关专家对十八届五中全会提出的五大发展理念的解读。部署了研究所学习贯彻十八届五中全会精神工作。

12月25日，召开2015年度领导班子“三严三实”专题民主生活会。中国农业科学院人事局吴京凯副局长到会指导。所党委制定了民主生活会方案，班子成员深入学习领会习近平总书记关于党员领导干部践行“三严三实”的重要论述，对专题党课、专题学习研讨情况进行回顾梳理，查漏补缺、巩固成果；通报了2014年民主生活会整改落实情况，进行了群众满意度测评，群众满意和比较满意的达到91.47%，整改落实情况得到职工的充分认可。在民主生活会上，所长、党委副书记杨志强代表所领导班子作对照检查。之后，所领导班子成员依次作了个人对照检查，开展了严肃认真的批评与自我批评。

二、组织建设

制定了研究所《加强服务型党组织建设工作方案》。按照发展党员标准和工作程序，年内转正党员1名，确定入党积极分子2名。

所党委被中国农科院直属机关党委评为党建宣传信息工作先进单位，1名同志被评为党建宣传信息工作优秀信息员。

三、工青妇、统战工作

3月12日，研究所举行了庆祝“三八”妇女节联欢会。

3月25日，研究所第四届职工代表大会第四次会议在研究所科苑东楼七楼会议厅召开。听取了杨志强所长代表所班子作的2014年工作报告及财务执行情况报告。代表们分三个小组认真讨论和审议了杨志强所长的报告，并对研究所的发展提出了建设性的意见和建议。杨志强所长还对代表们提出的意见和建议进行了说明。

4月13—17日，全体职工在大洼山试验基地进行了“春季植树周”活动，劳动内容主要包括植树、平整土地、修建地垄。既绿化了大洼山，更增加了职工对大洼山的了解，强化了职工的主人翁意识。

4月30日，举行“庆五一健步走”活动。杨志强所长、刘永明书记、张继瑜副所长和阎萍副所长、150余名职工以及研究生参加了本次活动，全程近10公里。

所工会被全国总工会授予“全国会员评议职工之家示范单位”称号。

统战工作有序开展。积极参加民主党派活动，支持九三学社中兽医支社、民盟牧药所支部开展工作，发挥民主党派的积极作用。协助九三学社七里河第一支社完成了社委换届选举。

四、党风廉政建设

制定了研究所《2015 年党风廉政建设工作要点》和《关于落实党风廉政建设主体责任监督责任实施细则》。按照中国农业科学院党组关于落实党风廉政建设“两个责任”的意见，制定了《兰州畜牧与兽药研究所关于落实党风廉政建设主体责任监督责任的实施方案》。

2 月 5 日上午，召开理论学习中心组 2015 年第一次会议，学习传达贯彻中国农业科学院 2015 年党风廉政建设会议精神。刘永明书记传达了中央纪委驻农业部纪检组组长宋建朝、中国农业科学院党组书记陈萌山在中国农科院 2015 年党风廉政建设工作会议上的讲话，传达了院党组成员、纪检组组长史志国在中国农业科学院 2015 年党风廉政建设工作会议上的工作报告，学习了《关于严禁中国农业科学院工作人员收受礼金的实施细则》《关于进一步严明纪律确保务实节俭廉洁过节的通知》《关于做好 2015 年春节期间有关工作的通知》等文件精神，并对研究所进一步做好党风廉政建设工作提出了具体要求。

3 月 23—24 日，开展了基层党组织书记落实主体责任暨纪检干部专题培训活动。研究所纪委书记、党支部书记、纪委委员、党委办公室负责人共 12 人参加了培训学习。刘永明书记介绍了中国农业科学院院基层党组织书记落实主体责任暨纪检干部培训班情况，并组织与会人员认真学习了陈萌山书记在培训班上的讲话和《中共中国农业科学院党组关于落实党风廉政建设主体责任监督责任的意见》，学习了驻部纪检组监察局董涵英局长在培训班上的讲话，收看了中央党校马丽教授关于《深入落实主体责任，强化责任追究》的视频辅导报告。刘永明书记要求与会人员认真学习十八届中央纪委五次全会精神和中央国家机关工委编印的《学习材料》《落实“两个责任”有关材料》《思考与实践》三本培训教材，并结合工作实际，深入研讨，撰写思想汇报或交流材料。

3 月 27 日，举行 2015 年度党风廉政建设责任书签字仪式。纪委书记张继瑜代表研究所与部门主要负责人、创新团队首席专家及所属党支部书记分别签订了党风廉政建设责任书。党委书记刘永明代表研究所与基建修购项目主持人分别签订了党风廉政建设责任书。共计 171 份。

4 月 1 日，举办了科研经费与资产管理政策宣讲会。条件建设与财务处副处长巩亚东从研究所主要涉及的科研项目专项经费管理和使用原则、预算编制与预算执行、专项经费开支范围及财务审计等方面对科研经费管理政策规定进行了解读。国有资产主管张玉纲同志从资产配置、政府采购、日常管理及资产处置等方面对资产管理、政府采购政策进行了解读。与会人员针对科研经费与资产管理相关问题进行了交流。

4 月 22 日，召开理论学习中心组会议，学习中国农业科学院落实基层党组织主体责任、监督责任会议精神及中国农业科学院开展科研经费专项整治活动会议精神，部署科研经费专项检查工作。与会人员认真学习了陈萌山书记在中国农业科学院基层党组织书记落实党风廉政建设主体责任暨纪检干部专题轮训班上的报告和中国农业科学院党组关于落实党风廉政建设主体责任监督责任的意见，史志国组长在中国农业科学院科研经费专项整治活动暨纪检监察干部培训会上的讲话精神，中国农业科学院开展科研经费专项整治活动的意见和工作方案。张继瑜副所长部署了研究所科研经费专项检查工作。

7 月 3 日，开展了“强化廉政意识，落实廉政责任”参观学习活动。在刘永明书记的带领下，所领导和处以上领导干部前往位于兰州市北滨河路的兰州市廉政文化主题公园进行了参观。

7 月 30 日，在张掖市承办了中国农业科学院纪检监察华中协作组会议。会议就落实“两个责任”、科研经费信息公开、科研经费专项检查等议题进行了交流研讨，促进了协作组各研究所的廉政建设。中国农业科学院监察局局长舒文华、副局长姜维民，院直属机关党委副书记吕春生、张掖市纪委副书记李仲杰以及中国农业科学院油料研究所、灌溉研究所、棉花研究所、郑州果树研究所、兰州兽医研究所、兰州畜牧与兽药研究所等研究所领导和纪检监察干部近 20 人参加了会议。

12 月 4 日，召开落实党风廉政建设“两个责任”集体约谈会，贯彻落实院党风廉政建设“两个责任”集体约谈会、院党的建设和思想政治工作研究会六届三次会议精神，进一步强化落实“两个责任”工作。刘永明书记传达了中国农业科学院党组书记陈萌山在落实党风廉政建设“两个责任”集体约谈会上的讲话。所纪委书记张继瑜通报了农业部系统 6 起违纪案例。

五、文明建设

2015 年，研究所被中央精神文明建议指导委员会授予“全国文明单位”称号，这是研究所文明建设取得的又一重大成就，标志着研究所文明建设迈上新的台阶，极大地鼓舞了全所职工的创新创业热情。全年涌现出文明处室 2 个：畜牧研究室和党办人事处；文明班组 5 个：兽药创新与安全评价创新团队、细毛羊资源与育种创新团队、中兽医与临床创新团队、条件建设与财务处租房部和大洼山基地；文明职工 5 名：李建喜、巩亚东、杨博辉、周绪正、刘隆。

2 月 12 日，杨志强所长、刘永明书记、张继瑜副所长率领职能部门负责人走访慰问研究所离休干部、困难党员、困难职工，把研究所的关怀和温暖送给他们。

2 月 14 日，召开 2014 年研究所工作总结暨表彰大会。张继瑜副所长宣读了研究所《关于表彰 2014 年度文明处室、文明班组、文明职工的决定》、2014 年获有关部门奖励的集体和个人名单以及奖励决定。在表彰仪式上，所领导向获奖的集体和个人颁发了奖状。杨志强所长代表研究所班子发表讲话，全面总结了研究所 2014 年工作，希望受表彰的集体和个人珍惜荣誉，再接再厉，以改革创新的精神，进一步推进研究所各项工作，为研究所的更好更快地发展贡献自己的力量。

8 月 31 日，举办了纪念中国人民抗日战争暨世界反法西斯战争胜利 70 周年演唱会。大家用歌声重温历史、追思先烈，用歌声警示未来、感恩祖国、珍视和平。

11 月 24 日，研究所隆重举行“全国文明单位”挂牌大会。中国农业科学院副院长李金祥，甘肃省委宣传部副部长、省文明办主任高志凌共同为研究所“全国文明单位”揭牌。兰州市文明办主任汪永国宣读了中央精神文明建设指导委员会《关于表彰第四届全国文明城市（区）、文明村镇、文明单位的决定》。党委书记刘永明汇报了研究所文明单位创建工作。

开展了“我为研究所发展建言献策”征文活动，收到论文 12 篇。

坚持开展全所每月一次的卫生清扫及评比活动。

六、离退休职工管理与服务工作

2 月 11 日，召开离退休职工迎新春座谈会。杨志强所长向离退休职工汇报了 2014 年研究所在科技创新、科研工作、科技成果、条件建设、人才队伍、党的工作等方面取得的成绩，并提出 2015 年工作计划。与会离退休职工踊跃发言，充分肯定了研究所 2014 年取得的成绩，并就做好 2015 年研究所各项工作积极建言献策，同时就科学研究、条件建设、职工福利等热点问题提出了意见和建议。

协助离退休党支部开展庆“七一”党日主题活动。组织老同志参加中国农业科学院书画摄影作品展活动。在研究所举行的纪念中国人民抗日战争暨世界反法西斯战争胜利 70 周年演唱会上，老同志组织演唱队，精心排练，展现了他们的风采。

10 月 21 日开展了丰富多彩的离退休职工欢度重阳节趣味活动，近 60 名老同志踊跃参加。刘永明书记在活动现场致辞，向全体离退休职工致以节日的问候和美好的祝愿！趣味活动内容形式丰富，设置了跳棋、双扣、麻将、飞镖、趣味保龄球、运乒乓球等。最后所领导向获奖离退休职工颁发奖品。

年内，探望慰问生病住院的离退休职工 60 余人次。给 65 名 80 岁以上老同志送生日蛋糕、生日贺卡，祝福他们生日快乐。为异地居住的离退休职工，邮寄生日贺卡 10 次。利用出差机会，看望了北京、天津、深圳等地居住的离退休职工。春节前走访慰问了 15 名离退休干部、困难职工和职工遗属。

为丰富离退休职工生活，给老同志提供一个更好的活动空间，对老年活动室布局进行调整，并对活动室进行了粉刷，美化了老同志活动环境。及时对离退休职工信息表进行整理更新，完善离退休职工信息库，做到信息完整、准确。及时办理异地居住的离休干部托管费、医药费报销事项，为他们解除后顾之忧。

第六部分　规章制度

一、中国农业科学院兰州畜牧与兽药研究所奖励办法

（农科牧药办〔2015〕82号）

为提高研究所科技自主创新能力，建立与中国农业科学院科技创新工程相适应的激励机制，推动现代农业科研院所建设，结合研究所实际情况，特制定本办法。

第一条　科研项目

研究所获得立项的各类科研项目（不包括中国农业科学院科技创新工程经费、基本科研业务费和重点实验室运转费等项目），按当年留所经费（合作研究、委托试验等外拨经费除外）的5%奖励课题组。

第二条　科技成果

（一）国家科技特等奖奖励80万元，一等奖奖励40万元，二等奖奖励20万元，三等奖奖励15万元。

（二）省、部级科技特等奖15万元，一等奖奖励10万元，二等奖奖励8万元，三等奖奖励5万元。

（三）中国农业科学院特等奖10万元，一等奖奖励8万元，二等奖奖励4万元。

（四）我所为第二完成单位的省部级及以上科技奖励，按照相应的级别和档次给予40%的奖励，署名个人、未署名单位或我所为第三完成单位及排名第三以后的成果，不予奖励。

第三条　科技论文、著作

（一）科技论文（全文）按照SCI类（包括中文期刊）、国内一级期刊、国内核心期刊三个级别，分不同档次奖励。

1. 发表在SCI类期刊上的论文，按照科技期刊最新公布的影响因子进行奖励，奖励金额为(1+影响因子）×3 000元。院选SCI顶尖核心期刊及影响因子大于5的SCI论文（1+影响因子）×8 000元。院选SCI核心期刊（1+影响因子）×5 000元。

2. 发表在国家中文核心期刊上的研究论文（综述除外），按照国内一级学术期刊和国内核心学术期刊目录（以中国计量学院公布的最新《学术期刊分级目录》为参考）奖励：院选中文核心期刊2 000元/篇，国内一级学术期刊论文奖励金额1 000元/篇。《中国草食动物科学》《中兽医医药杂志》和国内核心学术期刊奖励金额300元/篇。

3. 管理方面的论文奖励按照相应期刊类别予以奖励。科技论文及著作的内容必须与作者所从事的专业具有高度相关性，否则不予奖励。

4. 奖励范围仅限于署名我所为第一完成单位并第一作者。农业部兽用药物创制重点实验室、农业部动物毛皮及制品质量监督检验测试中心（兰州）、农业部兰州畜产品质量安全风险评估实验室、农业部兰州黄土高原生态环境重点野外科学观测试验站、甘肃省新兽药工程重点实验室、甘肃省牦牛繁育工程重点实验室、甘肃省中兽药工程技术研究中心、中国农业科学院羊育种工程技术中

心等所属的科研人员发表论文必须注明对应支撑平台名称，否则不予奖励。

（二）由研究所专家作为第一撰写人正式出版的著作（论文集除外），按照专著、编著和译著（字数超过20万字）三个级别给予奖励：专著（大于20万字）1.5万元，编著（大于20万字）0.8万元，译著0.5万元（大于20万字），字数少于20万（含20万）字的专著、编著、译著和科普性著作奖励0.3万元。出版费由课题或研究所支付的著作，奖励金额按照以上标准的50%执行。同一书名的不同分册（卷）认定为一部著作。

第四条 科技成果转化与服务

专利、新兽药证书等科技成果转让资金的60%用于奖励课题组，40%用于研究所基本支出；技术服务（包括信息服务、技术指导、技术培训、委托测试等）和技术咨询收入资金的60%用于奖励课题组，40%用于研究所基本支出；技术开发（包括技术合作、技术委托）收入经费的30%用于奖励课题组，30%用于课题组科研支出，40%用于研究所基本支出。

第五条 新兽药证书、草畜新品种、专利、新标准

（一）国家新兽药证书，一类兽药证书奖励15万元，二类兽药证书奖励8万元，三类新兽药证书奖励4万元、四类兽药证书奖励2万元，五类兽药、饲料添加剂证书及诊断试剂证书奖励1万元。

（二）国家级家畜新品种证书每项奖励15万元，国家级牧草育成新品种证书奖励10万元，国家级引进、驯化或地方育成新品种证书奖励6万元；省级家畜新品种证书每项奖励5万元，牧草育成新品种证书奖励3万元，国家审定遗传资源、省级引进、驯化或地方新品种证书奖励1万元。

（三）国际专利授权证书奖励2万元，国家发明专利授权证书奖励1万元，其他类型的专利授权证书、软件著作权奖励0.1万元。

（四）制定并颁布的国家标准奖励1万元，行业标准0.5万元。

第六条 研究生导师津贴

研究生导师津贴按照导师所培养学生（第一导师）的数量给予相应的津贴。标准为：每培养1名硕士研究生，导师津贴为300元/月；每培养1名博士后、博士研究生，导师津贴为500元/月。可以累积计算。

第七条 文明处室、文明班组、文明职工

在研究所年度考核及文明处室、文明班组、文明职工评选活动中，获文明处室、文明班组、文明职工及年度考核优秀者称号的，给予一次性奖励。标准如下：文明处室3 000元，文明班组1 500元，文明职工400元，年度考核优秀200元。

第八条 先进集体和个人

获各级政府奖励的集体和个人，给予一次性奖励。

获奖集体奖励标准为：国家级8 000元，省部级5 000元，院厅级3 000元，研究所级1 000元，县区级500元。

获奖个人奖励标准为：国家级2 000元，省部级1 000元，院厅级500元，研究所级300元，县区级200元。

第九条 宣传报道

中央领导批示、中办和国办刊物采用稿件每篇1 000元；部领导批示和部办公厅刊物采用稿件每篇500元；农业部网站采用稿件每篇400元；院简报和院政务信息报送采用稿件每篇200元；院网、院报采用稿件：院网要闻或院报头版，每篇200元；院网、院报其他栏目，每篇100元；研究所中文网、英文网采用稿件每篇50元；其他省部级媒体发表稿件，头版奖励300元，其他版奖励150元。以上奖励以最高额度执行，不重复奖励。由办公室统计造册，经所领导审批后发放。

第十条 奖励实施

科技管理处、党办人事处、办公室按照本办法对涉及奖励的内容进行统计核对，并予以公示，提请所长办公会议通过后予以奖励。本办法所指奖励奖金均为税前金额，奖金纳税事宜，由奖金获得者负责。

第十一条 本办法于2015年12月3日所务会议通过，2016年1月1日起实施。原《中国农业科学院兰州畜牧与兽药研究所科技奖励办法》（农科牧药办〔2014〕83号）同时废止。

第十二条 本办法由科技管理处、党办人事处、办公室解释。

二、中国农业科学院兰州畜牧与兽药研究所科研人员岗位业绩考核办法

（农科牧药办〔2015〕82号）

第一条 为充分调动科研人员的能动性和创造力，推进研究所科技创新工程建设，建立有利于提高科技创新能力、多出成果、多出人才的激励机制，特制定本办法。

第二条 全体科研人员的岗位业绩考核实行以课题组为单元的定量考核。业绩考核与绩效奖励挂钩。

第三条 岗位业绩考核以科研投入为基础，突出成果产出，结合课题组全体成员岗位系数总和确定课题组年度岗位业绩考核基础任务量。具体方法为：

（一）课题组岗位系数的核定：

课题组岗位系数为各成员岗位系数的总和。岗位系数参照《中国农业科学院兰州畜牧与兽药研究所工作人员工资分配暂行办法》和《中国农业科学院兰州畜牧与兽药研究所全员聘用合同制管理办法》，以课题组年度实际发放数量标准核算。

（二）课题组岗位业绩考核内容包括科研投入、科研产出、成果转化、人才队伍、科研条件和国际合作等，按照“中国农业科学院兰州畜牧与兽药研究所科研岗位业绩考核评价表”（见附件）进行赋分。课题组各成员取得的各项指标得分总和为课题组年度业绩量。

（三）年度单位岗位系数的确定：

年度单位岗位系数根据年度总任务量确定。

（四）课题组年度业绩考核基础任务量的确定：

课题组岗位系数=课题组各成员岗位系数的总和×年度单位岗位系数。

第四条 年初按照岗位系数确定创新团队或课题组年度岗位业绩考核基础任务量。对超额完成年度岗位业绩考核基础任务量超额部分给予绩效奖励数200%的奖励；对未完成年度岗位业绩考核基础任务量的课题组，按照未完成量的200%给予扣除。

第五条 课题组指具有相对稳定合理的人才梯队组成，有明确的学科研究方向，并承担相应科研任务的科研人才团队，实行课题组长负责制。组长是课题组学科研究团队的首席专家，对团队的学科研究方向、人员组成与工作分工、绩效奖励分配等负责。课题组成员一般不少于3人，课题组及成员信息需报科技管理处备案。连续两年未完成年度岗位业绩考核基础任务量的课题组，将责令其解散。

第六条 课题组年度《科研人员岗位业绩考核评价表》由课题组长组织填报，科技管理处、党办人事处等相关部门审核后作为年度岗位绩效奖励的依据。

第七条 经研究所批准脱产参加学历教育、培训、公派出国留学等人员的岗位绩效奖励按照实际工作时间进行核算奖励。

第八条 本办法于2015年12月3日所务会议通过，于2016年1月1日起实施。原《中国农业科学院兰州畜牧与兽药研究所科研人员岗位业绩考核办法》（农科牧药办［2014］83号）同时废止。

第九条　本办法由科技管理处和党办人事处负责解释。

附件：中国农业科学院兰州畜牧与兽药研究所科研人员岗位业绩考核评价表

中国农业科学院兰州畜牧与兽药研究所科研人员岗位业绩考核评价表

序号	一级指标	二级指标	统计指标	分值标准	内容	得分
1	科研投入	科研项目	国家、省部、横向等项目（单位：万元）	0.067		
2			基本科研业务费、创新工程经费（单位：万元）	0.025		
3	科研产出	获奖成果	国家最高科学技术奖	100		
4			国家级二等奖	30		
5			省部级特等奖	25		
6			省部级一等奖	16		
7			省部级二等奖	8		
8			省部级三等奖	4		
9			院特等奖	16		
10			院一等奖	8		
11			院二等奖	4		
12	科研产出	认定成果与知识产权	国审农作物新品种	8		
13			省审农作物新品种	4		
14			家畜新品种	30		
15			一类新兽药	30		
16			二类新兽药	12		
17			三类、四类新兽药、国家审定遗传资源	8		
18			国家标准	2		
19			行业标准	1		
20			发明专利	2		
21			其他专利、软件著作权	0.2		
22			植物新品种权	2		
23			验收（评价）成果	1		
24			饲料添加剂新产品证书	1		
25		论文著作	院选顶尖SCI核心期刊发文数	15		
26			院选SCI核心期刊发文数	4		
27			其他SCI/EI期刊发文数	1		
28			院选中文核心期刊发文数	0.4		
29			其他中文期刊发文数	0.2		
30			专著	4		
31			编著	2		
32			译著	2		

（续表）

序号	一级指标	二级指标	统计指标	分值标准	内容	得分
33	成果转化与服务	成果经济效益	留所科技产业开发纯收入（单位：万元）	0.1		
34			留所技术转让、技术服务纯收入（单位：万元）	0.1		
35	人才队伍	高层次人才	国家级人才	20		
36			省部级人才	10		
37		人才培养	硕士研究生毕业数	0.2		
38			博士研究生毕业数	0.4		
39			博士后出站数	1		
40	科研条件	科技平台	国家级平台	10		
41			省部级平台	4		
42			院级平台	2		
43	国际合作	国际合作经费	当年留所国际合作经费总额（单位：万元）	0.2		
44		国际合作平台	国际联合实验室	2		
45			国际联合研发中心	2		
46			科技示范基地	4		
47			引智基地	2		
48			科技合作协议	1		
49		国际人员交流	请进部级、校级以上代表团	4		
50			派出、请进专家人数（3个月以上）	2		
51			派出、请进专家人数（3个月以下）	0.2		
52		国际会议与培训	外宾人数10~30人国际会议数（含10人）	2		
53			外宾人数30人以上国际会议数（含30人）	4		
54			举办国际培训班数（15人以上）（单位：班）	2		
55		国际学术影响	参加政府代表团执行交流、磋商、谈判任务数	1		
56			重要国际学术会议主题报告数	1		
57			知名国际学术期刊或国际机构兼职数	2		

注：所领导、处长等管理人员及挂职干部科研工作量按其任务量的30%，研究室主任按90%、副主任按95%。

三、中国农业科学院兰州畜牧与兽药研究所科研副产品管理暂行办法

（农科牧药办〔2015〕84号）

为了规范研究所科研副产品的管理，严格按照中国农业科学院《关于进一步加强科研副产品收入管理的指导性意见》要求，确保科研工作的正常有序开展，结合研究所实际，制定本办法。

第一章　科研副产品的范围

第一条　本办法所指的科研副产品是指利用项目经费从事科研活动，在完成项目合同或课题任务书规定的任务以后，所产生的具有经济价值、并且可以作为商品出售的有形产品，如在牧草和家畜育种、新品种和新技术试验示范等项目实施过程中产生的实验用动物、饲草料、牧草种籽、兽药产品等。

第二条　科研副产品属于国家财产，所有权归研究所所有。研究所所有科研副产品由条件建设与财务处负责管理，科技管理处负责提供科研副产品认定清单。

第二章　科研副产品管理

第三条　科研副产品管理由条件建设与财务处具体负责。以课题组为单位具体实施，要建立健全科研副产品实物登记制度，由课题组负责建立科研副产品库存台账，真实反映科研副产品实际情况。

第四条　对于总价值低于收获、库存（保管）及销售成本的科研副产品，由各课题组负责人签字同意后报科技管理处和条件建设与财务处登记备案后及时处置，尽量减少库存时间，可不设置库存台账，但应做好销售记录。

第五条　课题组应完整保存库存台账、出入库单据及销售记录，作为单位内部管理及接受检查和监督的依据。

第六条　课题组应及时收获、处理、加工科研副产品。如因无故不收获、推迟收获、不处理、推迟处理、不加工、推迟加工科研副产品造成经济损失的，追究课题组及课题组负责人相应责任。

第七条　科研副产品的收获、加工、保存和销售过程中产生的费用，从副产品销售收入中支出。

第三章　科研副产品销售收入的管理

第八条　为确保科研副产品收入全部纳入研究所总收入，为此，应加强收入的归口管理、票据管理及合同管理。

（一）归口管理。科研副产品的收入同单位其他收入相同，由条件建设与财务处归口管理。具体操作事宜由科研团队首席委派团队财务助理向条件建设与财务处汇报并及时上缴科研副产品的收入。不得私下出售科研副产品。科研副产品所在地离研究所本部较远的，可由科研团队财务助理负责收款和缴款工作。

（二）票据管理。收入票据是记录科研副产品收入的依据，科研副产品销售无论金额大小必须填开收入票据。所反映的收入应全部记入规定账簿。

（三）合同管理。科研副产品的收入一律及时足额上缴所财务。数额较大的应由研究所负责人、科技处负责人、课题主持人、经手人和收购方签订合同，销售款直接转账进入研究所财务账户。

第四章　科研副产品的监督检查和责任追究

第九条　各部门应明确管理责任，切实加强科研副产品内部控制，规范业务流程。各个责任部门之间应相互协作、相互监督。

第十条　课题组不得私自出售科研副产品，更不得隐匿收入、设立“小金库”等。

第十一条　对于有科研副产品产生的项目试验内容，试验开展前及结束时要提供科研副产品产出及处置说明，并作为审批依据。

第十二条　对于兽医、兽药相关研究内容产生的有毒、有害副产品，必须按国家食品安全、公共卫生安全等有关规定进行处置，各团队同时要做好相关记录及明细内容。

第十三条　条件建设与财务处要根据科技管理处提供的认定清单，及时掌握各科研团队科研副产品的种类、产量及收入情况，研究所要开展定期或不定期监督检查，加大责任追究力度，坚决杜绝私分科研副产品及其销售收入等违法违纪行为。

第五章　附则

第十四条　本办法自发布之日起实施。由条件建设与财务处、科技管理处负责解释。

第十五条　本办法如有与国家有关规定不符之处，执行国家有关规定。

四、中国农业科学院兰州畜牧与兽药研究所动物房实验动物应急预案

（农科牧药办〔2015〕86号）

一、目的

确保实验动物在不能预测的状态下的安全性。

二、范围

所有用作试验和正在试验的动物。

三、责任者

动物房应急预案组成人员。

四、预案正文

（一）监测及管理

1. 积极预防和严格管理是减少突发实验动物生物安全事故的发生及减少事故损失的根本途径。

2. 对区域内工作人员强调安全操作行为，严格遵守国家实验动物安全管理制度，严格按照实验动物安全规定的标准操作规程操作。

（二）积极预防

1. 积极做好动物实验及相关人员的生物安全培训，要求从业人员工作前通过动物实验标准操作规程的培训，并确保全体工作人员通过急救培训，掌握紧急医学处理措施；

2. 日常工作严格按照标准操作规程执行；

3. 定期检查应急装备是否正常使用，实验设备使用后，需进行除污、消毒和定期维护工作，废弃物应根据《甘肃实验动物尸体及废弃物无害化处理》进行处理。

（三）应急反应

实验动物生物安全事故发生后，现场的工作人员应立即将有关情况通知动物房负责人或值班员；负责人接到报告后启动应急预案，通知应急小组成员第一时间赶往现场，同时立即报研究所实验动物管理委员会；小组成员到达现场后，对现场进行事故的调查和评估，按实际情况及自己工作职责进行应急处置；同时应当张贴“禁止进入”的标志；封闭24小时后，按规定进行善后处理。

（四）应急措施

1. 断电和断水发生：本单位有备用发电机，平时发电机保持良好的状马上可以应急使用。本

所有蓄水池，保持充足的水源和管道畅通，随时可以供水。

2. 狂犬病：如狗、猫等咬人先用自来水冲洗伤口10分钟，再用肥皂洗伤口，然后用碘酒涂抹伤口，并及时去医院（24小内）注射血清和狂犬疫苗。

3. 鼠咬，先把伤口挤出血，用75%的酒精冲洗伤口，再涂碘酒，被咬严重时及时去医院治疗。

4. 动物逃逸：

建康动物或免疫建康动物逃逸，争取寻找到，并以人工诱食剂或粘板捕捉。

已人工感染对动物有较强传染性的，关闭、封锁动物房，进行人工围捕，并辅以诱食剂或粘板捕抓措施。

实验动物房专门配备应急药箱，以备紧急应对鼠咬或因其他原因造成的外伤处理。

5. 对动物被传染因子感染后，及废弃动物的处理。

（1）人畜共患：先应对人员的保护要有防护服、手套、口罩。接触疾病动物的人员作必要的监测。集中动物，小动物用水煮熟，用密封容器封装后送动物焚烧站处理。

（2）非人畜共患：用密封容器装入动物尸体，喷洒消毒剂，并送动物尸体焚烧站处理。

（3）对疾病动物使用过的饲料，用不同的消毒剂消毒。然后作废弃处理，发病的动物园粪便及垫料作粪便池发酵处理，喷洒消毒剂。

6. 动物被传染因子或感染后：

（1）进行传染因子的诊断，对可疑病进行检测诊断，如认为对动物强传染性，杀灭发病动物，封锁发病区，对附近的区域隔离，强化消毒措施。

（2）整体彻底消毒，隔1—2个月后再饲养动物，最好换动物饲养。

五、事故报告

（一）开展动物实验研究的负责人是事故的责任报告人。

（二）责任报告人在实验过程中发现疑似动物病例或异常情况时，应立即向实验动物中心负责人或联络员报告；在判定疫情后，立即上报组长。

（三）报告内容

事故发生的时间、地点、发病的动物种类和品种、动物来源、临床症状、发病数量、死亡数量、人员感染情况、已采取的控制措施、报告的部门和个人、联系方式等。

六、后期处置

对事故点的生物样品迅速销毁，场所、废弃物、设施进行彻底反复消毒；组织专家查清原因；对周围一定范围内的动物、环境进行监控，直至解除封锁；对感染人群或疑感染人群进行强制隔离观察。事故发生后对事故原因进行详细调查，做出书面总结，认真吸取经验，修改完善标准操作规程，加强对工作人员的培训，做好防范工作。

中国农业科学院兰州畜牧与兽药研究所动物房应急预案组成人员名单

组成人员	联系电话	单位地址	岗　位
组长：			
张继瑜	2115278	兰州市小西湖硷沟沿335号	现场总指挥
阎　萍	2115288	兰州市小西湖硷沟沿335号	现场指挥
成员：			
王学智	2656107	兰州市小西湖硷沟沿335号	专员人员
董鹏程	2656107	兰州市小西湖硷沟沿335号	专员人员
曾玉峰	2656107	兰州市小西湖硷沟沿335号	专员人员

（续表）

组成人员	联系电话	单位地址	岗　位
李润林	2656107	兰州市小西湖硷沟沿 335 号	专员人员
樊兵州	2656107	兰州市小西湖硷沟沿 335 号	水　电
毛锦超	2656107	兰州市小西湖硷沟沿 335 号	饲养员

五、中国农业科学院兰州畜牧与兽药研究所关于落实党风廉政建设主体责任监督责任实施细则

（农科牧药党〔2015〕8 号）

为深入贯彻党的十八大、十八届三中全会和十八届中央纪委三次、五次全会精神，认真落实党风廉政建设党委主体责任和纪委监督责任，加强研究所党风廉政建设和反腐败工作，按照中国农业科学院党组关于落实“两个责任”的要求，结合研究所实际，制定本实施细则。

一、深刻认识落实“两个责任”的重要意义

党的十八届三中全会对反腐败体制机制创新和制度保障工作进行了全面安排和部署，提出“落实党风廉政建设责任制，党委负主体责任，纪委负监督责任”的具体要求。这是党中央对反腐倡廉形势科学判断后作出的重大决策，是对反腐倡廉规律的深刻认识和战略思考，是对加强反腐倡廉建设的重要制度性安排，也是推进研究所科技创新工程实施和现代农业科院所建设、实现跨越式发展的基本保障。所党委和纪委要高度重视、深刻领会、认真学习，切实增强主体责任和监督责任意识，强化使命感，自觉肩负起研究所党风廉政建设的政治责任，旗帜鲜明地履行职责，积极行动，勇于担当，切实把两个责任落到实处，深入推进研究所党风廉政建设工作。

二、认真落实党组织党风廉政建设主体责任

所党委和各党支部要把党风廉政建设和反腐败工作作为重大政治任务，摆在突出位置，切实担负起领导、主抓、全面落实的主体责任。

（一）党委的主体责任

所长、党委书记是研究所党风廉政建设第一责任人，对推进党风廉政建设和反腐败工作承担主体责任；班子成员要落实“一岗双责”，对分管部门的党风廉政建设负有领导责任。

1. 每半年向院党组报告研究所党风廉政建设工作任务进展和完成情况。重要情况、重大问题及时报告。

2. 加强干部队伍建设，从严管理监督干部。规范行使选人用人权，坚决纠正跑官要官等选人用人上的不正之风。班子主要负责人要定期约谈重点岗位负责人，听取党风廉政建设情况。

3. 强化权力运行全过程监督，持续加强廉政风险防控机制建设，不断建立完善相关制度，堵塞漏洞，实行对廉政风险防控动态管理。

4. 着力加强项目经费使用的廉政风险防控工作，明确责任部门和责任人，防止出现责任虚置、责任不清的现象。明确研究室主任、团队首席、课题组长、项目负责人的直接责任，做到业务工作、廉政建设“两手抓，两手都要硬”，既要严于律己、率先垂范，又要教育管理好下属干部职工。强化财务部门的把关责任，提高财务人员的担当意识、责任意识，督促、支持财务部门履好责，把好关。

5. 坚决抓好中央八项规定精神落实，防止“四风”反弹。加强对作风建设的领导，着力解决群众反映强烈的突出问题。

6. 配合和支持院党组纪检组监察局、直属机关纪委等上级纪委、纪检部门查处违纪违规问题。领导和支持研究所纪委、纪检监察部门履行监督职责。

（二）党支部的主体责任

研究室主任、创新团队首席和党支部书记是研究室、创新团队党风廉政建设第一责任人，共同履行本部门党风廉政建设并承担主体责任。

1. 定期向所党委报告本支部党风廉政建设情况，重要情况、重大问题及时报告。

2. 加强党员队伍建设，严格管理党员。

3. 着力加强以科研经费使用为重点的廉政风险防控工作，根据实际需要建立健全一些必要的制度，科研团队设立财务助理，明确责任人。

4. 坚决抓好中央八项规定精神的落实，防止“四风“反弹。

5. 配合和支持上级纪委、纪检部门查处违纪违规问题。

三、认真落实纪委的监督责任

所纪委负有协助党委加强党风廉政建设和组织协调反腐败的工作职责，同时负有监督责任，重点做好监督执纪问责工作。

1. 加强向所党委请示汇报，对加强研究所党风廉政建设工作以及其他重大问题提出意见和建议。

2. 每半年向院党组纪检组和直属机关纪委报告研究所党风廉政建设情况及履行监督责任的情况。

3. 违纪问题重要线索处置、案件查办、执纪执法查处人员情况在向所党委、所领导班子报告的同时，还应向院党组纪检组和直属机关纪委报告。

4. 加强对党员干部贯彻落实中央八项规定精神、厉行节约、转变工作作风、廉洁自律情况的监督。

5. 加强对干部选拔任用、项目招投标工作的监督，提出廉政意见，把好廉政关。

6. 严肃查处党员干部的违规违纪问题。

7. 开展廉政教育，推进研究所廉政文化建设，促进党员干部增强廉洁从政意识。强化科研人员廉洁从业意识，建立一支政治坚定、能力卓越、风清气正的科研队伍。

四、落实“两个责任”的工作机制

（一）完善领导机制。研究所要把党风廉政建设纳入整体工作部署。领导班子主要负责人做到党风廉政建设重要工作亲自部署、重大问题亲自过问、重点环节亲自协调、重要案件亲自督办。班子其他成员根据工作分工，切实抓好分管范围内的党风廉政建设工作。纪委要积极履行组织协调和监督职责，协助党委把党风廉政建设责任分工到位，一级抓一级，层层落实责任，层层传导压力。

（二）建立考核评价体系。要把落实党风廉政建设“两个责任”情况作为领导干部考核评价的重要内容，作为对班子总体评价和领导干部评先评优、提拔使用的重要参考依据。把推进党风廉政建设的绩效和能力作为年度考核、任期考核、干部考察的重要依据。

（三）完善责任追究机制。对履行职责不力，在政策落实、项目执行、科研管理、权力规范运行等方面出现违纪违规问题或长期风气不正的，要追究相关领导相应责任。对发现问题不闻不问的、不抓不管不报告的，要追究责任，切实维护党风廉政建设责任制的权威性和威慑力。

六、中国农业科学院兰州畜牧与兽药研究所开展“三严三实”专题教育工作方案

（农科牧药党〔2015〕13号）

为全面贯彻落实从严治党要求，巩固和拓展教育实践活动成果，持续深入推进党的思想政治建设和作风建设，按照《中共中国农业科学院党组关于在处级以上领导干部中开展“三严三实”专题教育方案》（农科院党组〔2015〕19号）要求，研究所决定在处级以上领导干部中开展“三严三实”专题教育活动。为了搞好专题教育活动，制定工作方案如下。

一、总体要求

（一）指导思想

深入学习贯彻党的十八大和十八届三中、四中全会精神，深入学习贯彻习近平总书记系列重要讲话精神，紧紧围绕协调推进“四个全面”战略布局，对照“严以修身、严以用权、严以律己，谋事要实、创业要实、做人要实”的要求，聚焦对党忠诚、个人干净、敢于担当，把思想教育、党性分析、整改落实、立规执纪结合起来，教育引导领导干部加强党性修养，坚持实事求是，改进工作作风，着力解决“不严不实”问题，切实增强践行“三严三实”要求的思想自觉和行动自觉，做到心中有党不忘恩、心中有民不忘本、心中有责不懈怠、心中有戒不妄为，努力在深化“四风”整治、巩固和拓展党的群众路线教育实践活动成果上见实效，在守纪律讲规矩、营造良好政治生态上见实效，在真抓实干、推动改革发展稳定上见实效。

（二）目标任务

学习“三严三实”，践行“三严三实”，着力解决理想信念动摇、信仰迷茫、精神迷失，宗旨意识淡薄、忽视群众利益、漠视群众疾苦，党性修养缺失、不讲党的原则等问题；着力解决滥用权力，不直面问题、不负责任、不敢担当，顶风违纪还在搞“四风”、不收敛不收手等问题；着力解决无视党的政治纪律和政治规矩，对党不忠诚、做人不老实，阳奉阴违、自行其是，心中无党纪、眼中无国法等问题；着力解决理论水平不高、管理能力不强，工作缺乏责任心、事业心，在总览全局、驾驭科研单位改革发展稳定大局方面能力薄弱等问题；着力解决改革创新意识不强，思路不清，办法不多，思想观念和思维方式不能适应研究所全面深化改革的新要求等问题。推动领导干部把“三严三实”作为修身做人用权律己的基本遵循、干事创业的行为准则，争做“三严三实”的好干部，落实好中央、农业部和中国农科院的重大决策部署，紧紧围绕“建设世界一流农业科研院所”的发展目标和“顶天立地”的发展方向，为加快推进现代科研院所建设，实现跨越式发展提供坚强保证。

（三）基本原则

1. 把握教育主题。这次专题教育的主题是学习“三严三实”，践行“三严三实”。要深入把握“三严三实”的基本内涵和实践要求，突出抓好习近平总书记系列重要讲话精神的学习，推动领导干部进一步坚定理想信念，带头践行社会主义核心价值观，坚守共产党人的精神高地；进一步强化党性原则，增强纪律意识和规矩意识，自觉在思想上政治上行动上同以习近平同志为总书记的党中央保持高度一致；进一步明确干事创业的行为准则，树立正确的权力观、政绩观，坚持为民用权、秉公用权、依法用权、廉洁用权。

2. 突出问题导向。把问题意识、问题导向贯穿专题教育的全过程，把学习教育和解决问题结合起来，把对照“庸懒散木推”十种表现认真查找问题作为重要内容，把发现问题、解决问题作为出发点和落脚点。坚持以知促行、知行合一，要结合研究所科研经费专项整治活动，结合解决科研道德失范和学术不端行为问题，结合干部队伍强化纪律意识和作风建设等重点工作，紧紧盯住“不严不实”的问题和具体表现，一条一条梳理、一项一项分析，弄清问题性质，找到症结所在，

从具体事情抓起、改起，以解决问题的成果来检验专题教育的成效。

3. 贯彻从严要求。突出严的要求、严的精神，是全面从严治党的鲜明特点，也是管党治党取得成效的关键所在。开展“三严三实”专题教育作为重大政治任务，要以从严从实作风，贯穿严的标准、严的措施、严的纪律，以严促深入、以严求实效。要按照中央、部、院要求，结合研究所实际，认真谋划，精心实施，把各项工作做扎实、做细致、做到位。

4. 坚持以上率下。按照中央、农业部和中国农科院党组要求，所领导班子结合工作实际认真开展活动，切实发挥带头示范作用。领导干部以身作则，当标杆、做示范，上级为下级作表率，一级做给一级看，一级带着一级干。在做好以上率下的同时，还要注重发掘优秀典型，让身边人讲身边事，用身边事教身边人，在全所范围内树立一批认真落实“三严三实”的模范干部。

5. 注重讲求实效。开展专题教育不能空对空，必须始终坚持围绕中心、服务大局，紧密联系研究所发展实际，将专题教育与落实创新驱动发展战略，深度谋划“十三五”发展规划结合起来；与党的工作、党风廉政建设工作年度安排结合起来，做到专题教育与日常科研工作有机融合、相互促进，两手抓、两不误，确保不虚不空、不走过场，力戒形式主义。

二、方法措施

“三严三实”专题教育从5月中下旬开始，在研究所处级以上领导干部中开展，不分批次、不划阶段、不设环节，各级同步进行。重点抓好专题党课、专题学习研讨、专题民主生活会和组织生活会、整改落实和立规执纪等关键动作。

（一）传达学习中办文件和中央领导讲话精神，学习农业部、中国农科院文件精神，研究制定工作方案。召开专题会议，认真学习贯彻习近平总书记为第四批全国干部学习培训教材所作《序言》精神，传达学习《中共中央办公厅印发〈关于在县处级以上领导干部中开展“三严三实”专题教育方案〉的通知》和刘云山同志、赵乐际同志在“三严三实”专题教育工作座谈会上的重要讲话精神，学习农业部、中国农科院党组《关于在处级以上领导干部中开展“三严三实”专题教育方案》文件精神，研究部署开展“三严三实”专题教育工作，明确责任分工，提出工作方案的主要内容。

（二）党委书记和领导班子其他成员带头讲“三严三实”专题党课。党委书记要紧扣“三严三实”要求，结合研究所实际，联系党员干部思想、工作、生活和作风实际，带头讲一次党课。党课要讲清楚“三严三实”的重大意义和丰富内涵，讲清楚“不严不实”在研究所的具体表现和严重危害，讲清楚落实“三严三实”的实践要求。所领导班子其他成员也要结合专题学习研讨。

（三）所党委组织中心组开展“三严三实”专题学习研讨。深入学习习近平总书记系列重要讲话精神，学习党章和党的纪律规定，重点研读《习近平谈治国理政》《习近平关于党风廉政建设和反腐败斗争论述摘编》，第四批全国干部学习培训教材可作为辅导材料选学。要紧扣问题，针对思想困惑、认识模糊的问题，在学习研讨中找到答案、去伪存真；针对习以为常、不以为然的问题，在学习研讨中认清危害、厘清是非；针对工作中的重点难点问题、群众关心关注的问题，在学习研讨中寻求对策、拿出措施，真正把“不严不实”的表现和症结找到，把整改的方向和措施找到。要在深入学习的基础上，把自己摆进去、把职责摆进去、把实际思想和工作摆进去，交流彼此的观点、分享各自的体会，踊跃发言、讨论起来，互相启发、形成共识。要用好两面镜子，购买并认真学习《优秀领导干部先进事迹选编》《领导干部违纪违法典型案例警示录》，从优秀领导干部的事迹中找到差距、见贤思齐，从反面典型的违纪违法案件中汲取教训、自警自省。在个人自学基础上，重点分3个专题开展学习研讨，大体上每两个月1个专题。所党委针对专题学习邀请有关专家进行辅导，每个专题由1~2名班子成员作主题发言。

专题一（时间：5—6月）：严以修身，加强党性修养，坚定理想信念，把牢思想和行动的“总开关”。重点学习研讨如何坚定马克思主义信仰和中国特色社会主义信念，增强道路自信、理论自信、制度自信；如何站稳党和人民立场，牢固树立正确的世界观、人生观、价值观和公私观、是非观、义利观，忠于党、忠于国家、忠于人民；如何保持高尚道德情操和健康生活情趣，自觉远离低级趣味，树立良好家风，坚决抵制歪风邪气，坚守共产党人精神家园。

专题二（时间：7—8月）：严以律己，严守党的政治纪律和政治规矩，自觉做政治上的“明白人”。重点学习研讨如何严格遵守党章，落实习近平总书记在十八届中央纪委五次全会上提出的“五个必须”要求，自觉维护党中央权威，任何时候任何情况下都做到在思想上政治上行动上同以习近平同志为总书记的党中央保持一致；维护党的团结，做老实人、说老实话、干老实事，不搞团团伙伙，不搞任何形式的派别活动；遵循组织程序，严格遵守请示报告制度，不超越权限办事，不搞先斩后奏；服从组织决定，坚决有力、不折不扣贯彻落实中央“三农”决策和部、院党组及研究所的决定和工作部署。

专题三（时间：9—10月）：严以用权，真抓实干，实实在在谋事创业做人，树立忠诚、干净、担当的新形象。重点学习研讨如何坚持用权为民，自觉遵守宪法法律和党的纪律，按规则、按制度、按法律行使权力，敬法畏纪，为政清廉，站稳群众立场，维护群众权益；如何坚持民主集中制，自觉接受监督，不搞一言堂、家长制；如何坚持从实际出发谋划事业、推进工作，抵制“庸懒散木推”，负责任、有担当，勇创新、争一流，创造优异的工作业绩。

在抓好3个专题学习研讨的同时，所党委将按照中心组年度学习计划，分别对创新工程建设、党风廉政建设“两个责任”、谋划“十三五”和2016年重点工作等改革发展问题展开研讨；对研究所改革发展面临的重大问题，一并组织学习研讨，进一步深化认识，理清思路，明确方向。

（四）召开“三严三实”专题民主生活会和组织生活会

年底，研究所领导班子年度民主生活会和党员组织生活会，要以践行“三严三实”为主题进行。每名处级以上党员领导干部都要对照党章等党内规章制度、党的纪律、国家法律、党的优良传统和工作惯例，对照正反两个方面典型，联系个人思想、工作、生活和作风实际，联系个人成长进步经历，联系教育实践活动中个人整改措施落实情况，深入查摆“不严不实”问题，进行党性分析，严肃认真开展批评与自我批评。要坚持发扬研究所近年来领导班子民主生活会的经验做法，注意在触动灵魂上下功夫，查摆问题深入全面，谈心交心充分透彻，开展批评真刀真枪，整改措施具体实在。

（五）强化整改落实和立规执纪。解决“不严不实”问题。坚持边学边查边改，所领导带头列出问题清单，从现在改起、从自己改起、从突出问题改起，付诸行动、真改实改。对存在“不严不实”问题的领导干部，立足教育提高，促其改进；对群众意见大、不能认真查摆问题、没有明显改进的领导干部，要进行组织调整。针对“不严不实”问题，制定有效管用的制度、强化制度的刚性执行，防止打折扣、搞变通，防止“破窗效应”，推动践行“三严三实”要求制度化、常态化、长效化。

三、组织实施

（一）落实领导责任。所党委全面负责研究所“三严三实”专题教育，所长和党委书记承担第一责任人的责任。党办人事处牵头组织实施，其他部门积极配合专题教育，扎实有效推进专题教育。所长和党委书记既要率先垂范，带头参加教育、接受教育，又要站在一线、靠前指挥，自始至终把责任扛在肩上。

（二）务实有效推进。“三严三实”专题教育要把讲专题党课与平时的“三会一课”更好地结合起来，把专题学习研讨与平时的中心组学习更好地结合起来，把专题民主生活会与年度民主生活会更好地结合起来，积极探索经常性教育的新途径。

（三）认真组织实施。研究所制定专题教育实施方案，经院直属机关党委会同院人事局审定后，认真组织实施。离退休党员干部可将“三严三实”作为学习内容开展专题学习。党外干部应参加学习，民主生活会按年度民主生活会惯例进行。

（四）强化督促指导。结合中国农科院党的群众路线教育实践活动整改落实工作和巩固拓展活动成果情况专项检查工作，研究所将采取调研、抽查等方式，及时了解掌握情况，有效传导压力、激发动力。所党委要把抓好专题教育作为履行党建主体责任的重要任务。

（五）加强宣传教育。要加强对“三严三实”专题教育重要意义的宣传引导，把思想和行动统一到中央部署上来。研究所积极总结好做法，利用院所网络做好典型宣传，充分发挥好媒体的作用，营造良好舆论氛围。

七、中国农业科学院兰州畜牧与兽药研究所创建服务型党组织工作方案

（农科牧药党〔2015〕14号）

为深入贯彻落实党的十八大、十八届三中、四中全会和习近平总书记系列重要讲话精神，全面落实从严治党责任，扎实推进基层服务型党组织建设，根据中共中国农业科学院党组《中共中国农业科学院党组印发《〈关于加强基层服务型党组织建设的实施意见〉的通知》（农科院党组发〔2015〕6号）的部署要求，结合我所实际，现制定以下工作方案。

一、总体要求

以党的十八大、十八届三中、四中全会和习近平总书记系列重要讲话精神为指导，充分发挥党组织和党员在推动研究所发展、服务群众、凝聚人心、促进和谐的战斗堡垒和先锋模范作用，全面提升研究所党建工作科学化水平，为实施科技创新工程、建设现代研究所作出积极贡献。

二、目标任务

创建我所基层服务型党组织建设的总体目标就是要建设国家满意、全体职工满意的基层服务型党组织。通过持续开展基层服务型党组织建设，使所党委、各党支部服务意识明显增强、服务能力明显提高、服务成效明显提升、培育形成“有坚强有力的领导班子，有形式多样的服务载体，有健全完善的制度机制和经费保障，有职工群众满意的服务业绩”的服务型党组织，调动每一个党员干部的积极性，凝聚改革共识，汇聚发展力量，为研究所全面推进科技创新工程实施、加快现代农业科研院所建设创造条件、优化环境、营造氛围，提供强大动力和组织保障。

三、工作重点

1. 筑牢服务理念。教育引导广大党员干部牢固树立全心全意为人民服务的宗旨意识，牢固树立围绕创新、服务创新、推动创新的理念，把服务贯穿于基层党组织建设的始终、体现在工作实践的各个环节，充分发挥党员干部在加强基层服务型党组织建设中的主体作用和在联系服务职工群众中的先锋模范作用。通过宣传和教育，使围绕科研、做好服务成为党员干部的思想自觉，内化于心，外化于行。

2. 提升服务能力。加强党委书记、党支部书记、党务干部和党员队伍建设，着力培养服务骨干。深入推进学习型党组织建设，加强中国特色社会主义理论体系学习，特别是习近平总书记系列重要讲话精神学习，着力增强党员干部理论素养，坚定理想信念，始终在思想上政治上行动上与党中央保持高度一致。加强社会主义法治精神和政策法规教育，提高党员干部法治思维和依法办事的能力。通过加强业务培训、实践锻炼、轮岗交流和承担重任等，使党员干部真正的熟悉农情和农业科技，了解研究所发展的迫切需求，切实提高服务“三农”服务改革发展和推动科技创新的能力和水平，真正服务于“三农”。

3. 锻炼服务风气。严明党的纪律，严肃党内生活，教育全体党员干部按照党内政治生活准则和党内各项规定办事，切实增强党内生活的政治性、原则性和战斗性。通过坚持不懈地开展党性党

风党纪和社会主义核心价值观教育，引导广大党员干部践行“三严三实”要求，持续改进工作作风，深入基层锻炼作风，发扬农科牧药人的好传统，始终保持积极进取、主动作为的精神状态和为民务实清廉的良好形象。

4. 突出服务重点。各党支部要团结带领广大党员干部围绕院所中心工作履职尽责，着力破解工作难题，促进现代农业和农业科技创新持续健康发展。尤其要在突出服务改革、服务“三农”、服务科研、服务职工、服务党员上下功夫。突出服务改革，组织动员广大党员和职工理解改革、支持改革、参与改革，贡献力量；突出服务“三农”，积极开展共建活动，不断拓宽服务渠道，在科技创新和科研成果转化等方面充分发挥科技支撑作用；突出服务科研，全身心地投入到创新驱动发展战略维达实践中，立足和谐团队建设，强化对科技创新工程实施的保障作用；突出服务职工和党员，真心实意为职工群众做好事、办实事、解难事，充分调动干部职工创业的积极性。

5. 创新服务载体。要结合研究所优势，在实践中探索和创造新的服务载体，不断丰富服务型党组织的工作形式和内容。要结合现代信息技术创新载体，增强研究所网站的服务功能，完善服务平台。通过我为农科院跨越式发展建言献策、困难职工帮扶行动等活动，深化服务品牌建设。不断建立网络党组织，通过 qq 群、微信、微博、手机短信等开展党的活动，拓展党建阵地。

6. 构建服务机制。一是建立健全联系服务机制，认真贯彻落实我所党员干部直接联系职工群众的制度，不断完善党员领导干部党建联系点、党员干部到基层挂职锻炼，援疆援藏、干部挂职任职、与科研人员谈心谈话、征集职工群众意见等各项制度，形成上下联动、横向互动、互促互补、齐抓共建的基层服务型党组织建设良好局面。二是建立健全考核机制，以服务成效为主要标准，以群众满意度为目标导向，探索建立党支部自评、群众测评和组织考评相结合的基层服务型党组织考核评价体系，把服务型党组织建设作为每年年终标准党支部创建工作考核的重要内容。三是建立健全表彰激励机制，通过评选优秀共产党员、优秀党务工作者、标准党支部等方式，传递正能量，营造为科研服务、为职工服务的良好氛围，激励党员干部无私奉献、自觉服务。

四、工作要求

1. 严格落实责任。所党委要把加强基层服务型党组织建设作为新形势下加强研究所党建工作的重要抓手、重要职责。党员领导干部要带头建立基层服务型党组织建设联系点，经常深入基层调查研究、指导工作。各党支部要找准服务型党组织建设的切入点和着力点，切实把各项服务工作落实到处。

2. 坚持分类指导。坚持把党的工作与科研工作、事业发展密切结合起来，同步规划，同步推进，充分发挥党组织为科技创新保驾护航的作用。所党委要重点围绕深化事业单位分类改革、实施科技创新工程、促进事业发展搞好服务，做好干部职工思想政治工作，激发党员和各类人才创新创造活力，发挥政治核心作用，推动服务水平不断提升。机关党组织要树立以人为本、以研为本，服务基层、服务科研的理念，深入基层、服务基层、转变作风，不断提高宗旨意识，提升服务能力，讲求服务效率，提高服务质量，加快度五星机关建设。离退休党支部要充分考虑离退休党员的年龄、身体等实际情况，按照自觉自愿、量力而行的原则开展党员活动，发挥好离退休党支部和广大离退休党员的传帮带作用。工青妇等群团组织要充分发挥服务作用，广泛开展以党员为骨干的各类志愿服务，引导群众参与服务、子午服务、相互服务，行程以党组织为核心、各方面共同参与的服务格局。

3. 强化典型示范。充分发挥先进典型在建设基层服务型党组织中的引领带头作用。推广运用践行支部工作法，不断创新服务改革、服务“三农”、服务科研、服务党员、服务群众的方法和渠道。梳理和总结基层服务型党组织建设方面的有效做法，将好的平台、好的做法加以固化，加以交流推广，引导各党支部学习借鉴先进做法经验。

第七部分　大事记

● 1月12日，研究所与石家庄正道动物药业有限公司在石家庄举行了新兽药“常山碱”科技成果转让和新兽药联合申报签字仪式。

● 1月15日，阎萍研究员荣获“第六届全国优秀科技工作者”称号。

● 1月19—20日，农业部副部长、中国农业科学院院长李家洋到张掖市甘州区下寨村调研，同时考察了研究所张掖试验基地。甘肃省农牧厅、张掖市委、甘州区委以及兰州牧药所、兰州兽医所领导杨志强、刘永明、殷宏陪同调研。

● 1月22日，研究所召开2014年度领导班子民主生活会。会议的主题是严格党内生活，严守党的纪律，深化作风建设，认真贯彻中央八项规定精神，坚决反对四风，持续抓好党的群众路线教育实践活动整改落实。中国农业科学院监察局李延青副局长到会指导。所党委书记刘永明主持会议。

● 1月25日，甘肃省委、省政府在兰州隆重召开全省科学技术奖励大会，阎萍研究员主持完成的“牦牛选育改良及提质增效关键技术研究与示范”项目获得2014年甘肃省科技进步二等奖。刘永明研究员主持完成的“牛羊微量元素精准调控技术研究与应用”项目获2014年甘肃省科技进步三等奖。

● 1月26日，研究所与甘肃省陇南市、定西市，就构建政府与科研单位产业科技创新联盟，开展科技合作事宜进行了交流洽谈。

● 1月28日，刘永明书记、杨志强所长和张继瑜副所长参加院2015年党风廉政建设工作会。

● 2月5日，研究所召开理论学习中心组2015年第一次会议，学习传达贯彻中国农业科学院2015年党风廉政建设会议精神。

● 2月9日，张继瑜副所长代表研究所和西班牙海博莱公司正式签订“Startvac灭活疫苗预防中国金黄色葡萄球菌、大肠杆菌性奶牛乳房炎的有效性和安全性评价”研究合作协议。

● 2月11日，研究所召开离退休职工迎新春座谈会。

● 2月14日，研究所召开2014年工作总结暨表彰大会。

● 2月28日，研究所被中央文明委授予第四届“全国文明单位”荣誉称号。

● 3月12日，研究所举行了庆祝“三八”妇女节联欢会。

● 3月18—19日，为增强研究所职工的安全意识，提高应急避险能力，研究所进行了安全生产知识讲座和消防演练。

● 3月24日，“2015年农业增产增效集成生产模式研究——细毛羊增产增效技术集成生产模式研究”项目论证会在研究所召开。中国农业科学院李金祥副院长、基本建设局刘现武局长等出席会议，成果转化局袁龙江局长主持论证会。

● 3月25日，研究所第四届职工代表大会第四次会议在研究所召开。

● 3月27日，研究所举行2015年度党风廉政建设责任书签字仪式。

● 3月27日，“高聚工程”“海聚工程”“千人计划”获得者李靖博士应邀到研究所做学术报告会。

● 3月底，研究所“综合实验室”荣获了2014年度甘肃省建设工程“飞天奖”，这是研究所基建项目首次获得该项殊荣。

● 4月2日，中国农业科学院雷茂良副院长到研究所调研指导工作，院科技局陆建中副局长、刘蓉蓉副处长陪同。杨志强所长、张继瑜副所长、阎萍副所长、相关部门负责人及创新团队首席参加座谈会。

● 4月9日，农业部沼气研究所党委书记蔡萍、基建与后勤服务中心主任李晞和办公室副主任吕鲁民一行3人访问研究所。

● 4月17日，杨志强所长赴北京参加全国农业科技创新座谈会，期间中央政治局委员刘延东副总理视察了中国农业科学院。

● 4月22日，重庆市畜牧科学院王金勇副院长、曹国文研究员来所交流参观。

● 4月22日，研究所召开理论学习中心组会议，学习中国农业科学院落实基层党组织主体责任、监督责任会议精神及中国农业科学院开展科研经费专项整治活动会议精神，部署科研经费专项检查工作。

● 4月25—27日，在中国畜牧兽医学会养牛学分会第八届全国会员代表大会暨2015年学术研讨会上，阎萍研究员获中国牛业科技贡献奖，郭宪副研究员获中国牛业青年科技奖。

● 4月30日，研究所举行“庆五一健步走”活动。杨志强所长、刘永明书记、张继瑜副所长和阎萍副所长与150余名职工、研究生共同参加了健步走活动。

● 5月6日，中国农业科学院副院长吴孔明院士到研究所调研院所发展暨创新工程进展工作。院人事局李巨光副局长等陪同调研，杨志强所长、张继瑜副所长、阎萍副所长、相关部门负责人及创新团队首席参加了座谈会。

● 5月11日，苏丹农牧渔业部哈桑·巴希尔司长应邀来所交流访问。杨志强所长接见了哈桑·巴希尔，并就进一步开展科技合作进行了交谈。兽用天然药物创新团队首席梁剑平研究员与哈桑·巴希尔签订了合作协议。

● 5月17—21日，应研究所“中兽医与临床”创新团队邀请，西班牙加泰罗尼亚牛奶质量控制技术支持公司兽医临床专家德梅特里奥、西班牙海博莱公司奶牛乳房炎专家罗杰与冯军科博士来华进行了为期5d的技术与学术交流。

● 6月，研究所开展了以“加强安全法治，保障安全生产”为主题的安全生产月系列活动。

● 6月3日，按照院党组的要求，研究所“三严三实”专题教育活动正式开始。党委书记刘永明为处级以上领导干部作了题为“践行‘三严三实’，培育优良作风，推进创新发展”的党课。

● 6月3日，甘肃省出入境检验检疫局党组成员、纪检组长王润武，人事处长、离退休干部处处长王晓萍等3人来所，对我所离退休职工管理服务工作进行了调研学习。

● 6月12—13日，由研究所、甘肃省农牧厅和甘肃省绵羊繁育技术推广站联合举办的“甘肃细毛羊发展论坛”在甘肃举行。

● 6月25日，英国布里斯托大学化学学院宋中枢博士应邀到研究所访问交流。

● 6月26日，研究所举行庆祝中国共产党成立九十四周年报告会。甘肃省委讲师团团长、省宣传干部培训中心主任、省理论教育信息中心主任白坚为全体党员、职工和研究生作报告。

● 6月27日，云南省畜牧兽医科学院李华春院长来研究所调研交流。

● 6月30日，中国农业科学院基建局刘现武局长、农业部计划司投资处严斌副处长一行来所调研。

● 7月1日，贵州省畜牧兽医研究所朱冠群副所长一行4人来研究所考察交流。

● 7月3日，研究所开展了“强化廉政意识，落实廉政责任”参观学习兰州市廉政文化主题公园位活动。

● 7月7—9日，中国农业科学院科技创新工程“羊绿色增产增效技术集成模式研究与示范”项目推进会在甘肃省肃南裕固族自治县召开。中国农业科学院李金祥副院长、甘肃省农牧厅姜良副厅长出席会议并讲话。成果转化局袁龙江局长主持会议。

● 7月9日，科技部农村科技司王喆巡视员、综合处范云涛博士到研究所考察调研。

● 7月10日，成都中牧生物药业有限公司廖成斌董事长一行来研究所就开展科技合作进行交流洽谈。

● 7月10日，研究所试验基地建设项目开工典礼在张掖综合试验基地举行。中国农业科学院李金祥副院长、成果转化局袁龙江局长、基本建设局夏耀西副局长、张掖市人民政府王海峰副市长、杨志强所长以及张掖市甘州区、党寨镇相关领导和参建各方相关单位人员等共100余人参加了典礼。阎萍副所长主持开工典礼。

● 7月15日，农业部兽医局王功民副局长一行2人，在甘肃省兽医局周邦贵局长、何其健副局长等的陪同下到研究所调研。

● 7月23日，上海朝翔生物技术有限公司陈佳铭董事长一行来研究所开展交流洽谈。

● 7月28日，中国农业科学院直属机关党委吕春生副书记、直属机关党委办公室韩进副主任到研究所进行调研。

● 7月30日，中国农业科学院纪检监察华中协作组会议在甘肃省张掖市召开。

● 8月上旬，应研究所邀请，澳大利亚西澳大学教授、著名草地与牧草育种专家菲利普·尼古拉斯博士和高级研究员、牧草育种专家丹尼尔·瑞尔博士一行到研究所进行了为期8d的访问。

● 8月10日，由农业部人事劳动司人才工作处魏旭处长、中国农业科学院人事局李巨光副局长等8人组成的农业部高层次人才队伍建设调研组到所调研。

● 8月11—14日，应研究所邀请，世界牛病学会秘书长、匈牙利圣伊斯特凡大学兽医学院奥托·圣兹教授到所访问。

● 8月11日，2015年度兰州市科学技术奖评审结果公布，研究所“益蒲灌注液的研制与推广应用”获兰州市科技进步二等奖、“阿司匹林丁香酚酯的创制及成药性研究”获市技术发明三等奖。

● 8月12日，应英国皇家兽医学院邀请，阎萍研究员、严作廷研究员等一行4人赴该学院访问并进行学术交流。

● 8月14日，广东省农业科学院动物卫生研究所徐宏志所长一行2人到研究所考察。

● 8月18—19日，院党组成员、纪检组组长、安委会主任史志国，院监察局局长舒文华等一行5人到所调研科研经费信息公开落实情况、专项整治“两项工程”落实情况，并对研究所安全工作进行检查。

● 8月19日，以中国台湾行政院农业委员会动植物防疫检疫局施泰华副局长为首的中国台湾动植物防疫检疫暨检验发展协会代表到研究所参观。

● 8月19日，成都中牧生物药业有限公司廖成斌董事长一行来研究所就开展科技合作进行交流洽谈。

● 8月24日，山东省农业科学院机关党委专职副书记、政工处处长齐以芳一行4人到兰州研究所考察调研。

● 8月24日，华东理工大学李洪林教授应邀来研究所做了题为“第三代EGFR候选药物研究”的学术报告。

● 8月24日，山西省动物卫生监督所柴桂珍书记和山西兆信生物科技有限公司李亚政总经理来兰州研究所洽谈科技合作。

● 8月26日，研究所和岷县方正草业开发有限责任公司在岷县举行“岷山红三叶航天育种合作研究”签约仪式。

● 8月27日—9月2日，应荷兰乌特勒支大学兽医学院和瑞士伯尔尼大学寄生虫学研究所的邀请，刘永明研究员等一行6人先后对该学院和研究所访问。

● 8月31日，中国畜牧兽医学会科技部咨询主任张高霞、颜海燕来研究所交流洽谈。

● 8月31日，湖北省农业科学院副院长邵华斌研究员一行来研究所考察调研。

● 8月31日，兰州研究所举行了纪念中国人民抗日战争暨世界反法西斯战争胜利70周年演唱会。

● 9月16日，中国农业科学院环境保护科研监测所朱岩书记等一行4人来研究所考察调研。

● 9月22日，农业部办公厅刘剑夕副主任带领中国农业科学院办公室综合处侯希闻处长、农业部办公厅保密与电子政务处邓红亮副处长一行4人，对研究所保密工作进行检查和指导。

● 9月22日，中国农业科学院麻类研究所沅江实验站朱爱国副站长一行来研究所调研牧草种质资源收集和野外台站建设情况。

● 10月9—13日，应俄罗斯毛皮动物与家兔研究所所长卡诺莫夫所长邀请，杨志强研究员等一行6人赴该研究所进行了访问与学术交流。

● 10月15—17日，应研究所邀请，世界卫生组织协作中心主任、爱尔兰都柏林大学食品安全中心谢默斯·范宁教授到研究所访问。

● 10月19日，德国柏林洪堡大学生命科学学院农业与园艺研究所 Aijan Tolobekova 博士来研究所做报告。

● 10月21日，纽约奥尔巴尼药学和健康科学学院高级研究专家马卓教授到研究所进行学术交流，并作了题为“抗氧化基因在土拉杆菌病分子发病机理的作用”的报告。

● 10月21日，为进一步弘扬中华民族爱老、敬老、助老的传统美德，丰富老年人的文化娱乐生活，研究所开展了离退休职工欢度重阳节趣味活动。

● 10月24日，中国农业科学院组织专家对研究所张掖综合试验基地规划进行了验收。

● 11月2日，“第九届大北农科技奖颁奖大会暨中关村全球农业生物技术创新论坛”在北京隆重召开。我所青年科技人员郭志廷主持研发的“抗球虫中兽药常山碱的研制与应用”荣获大北农科技奖成果二等奖。

● 11月4日，中国农业科学院财务局刘瀛弢局长应邀到研究所作了题为《践行三严三实 又好又快执行预算》的管理学术报告。

● 11月5—6日，农业部科教司李谊处长一行8人到所，对研究所承担的2012年度修购专项“中国农业科学院共享试点：区域试验站基础设施改造”项目进行了验收。验收专家组经过综合查验，一致同意该项目通过验收。

● 11月6日，中国农业科学院农业信息研究所党委书记刘继芳一行到研究所调研。

● 11月11月2—7日，应美国食品和药品管理局兽药中心邀请，张继瑜副所长等一行5人赴该机构进行了访问，并还参观了兽药中心实验室。

● 11月12日，研究所召开948项目验收会议，阎萍研究员承担完成的“牦牛新型单外流瘤胃体外连续培养技术引进与应用”项目通过了专家委员会验收。

● 11月12日，中国农业科学院科技管理局陆建中副局长应邀为兰州牧药所、兰州兽医所科技人员和管理人员做了题为“国家奖成果的培育与申报策略”的报告。

● 11月21日，中国农业科学院蔬菜研究所周霞书记、人事处陈红处长，中国农业科学院质量标准与检测技术研究所赖燕萍副书记、人事处干部李颖来所调研。

● 11月24日，中国农业科学院科技局梅旭荣局长和科技平台处处长熊明民来研究所调研，并与科研人员交流。

● 11月24日，研究所隆重举行“全国文明单位”挂牌大会。中国农业科学院副院长李金祥，甘肃省委宣传部副部长、省文明办主任高志凌共同为研究所“全国文明单位”揭牌。

● 11月25日，德国柏林洪堡大学博士研究生爰简到我所进行了为期一个月的交流与学习。

● 11月25日，研究所杨博辉研究员为首席的创新团队联合甘肃省绵羊繁育技术推广站等7家单位，历经20载，培育出我国首例适应高山寒旱生态区的细型细毛羊新品种——高山美利奴羊，通过了国家畜禽遗传资源委员会新品种审定，并荣获国家畜禽新品种证书。该品种的培育成功，填补了世界高海拔生态区细型细毛羊育种的空白，是我国高山细毛羊培育的重大突破，达到国际领先水平。

● 11月25日，湖南湘潭圣雅凯生物制药有限公司黎明总经理一行3人来研究所洽谈交流。

● 11月27日，研究所召开理论学习中心组会议，学习十八届五中全会精神。

● 12月4日，研究所召开落实党风廉政建设“两个责任”集体约谈会，贯彻落实院党风廉政建设“两个责任”集体约谈会、院党的建设和思想政治工作研究会六届三次会议精神，进一步强化落实“两个责任”工作。会议由党委书记刘永明主持，所领导、全体中层干部、各党支部书记及创新团队首席参加了会议。

● 12月4日，研究所召开2015年国际合作与交流总结汇报会。张继瑜副所长主持汇报会，刘永明书记和全体科研人员参加了会议。2015年派出16个团组，51人（次）出访美国、肯尼亚、澳大利亚、荷兰、瑞士、苏丹、俄罗斯、日本、英国和西班牙10个国家22个研究所和大学参加国际学术会议、开展合作交流与技术培训等。

● 12月8日，临泽县县委副书记县长冯军、县委副书记兰永武、副县长杨荣等率县农牧局、科技局负责人一行11人到研究所考察交流，并签订了院地合作框架协议。

● 12月10日，农业部公布了第二批全国农业科研杰出人才及其创新团队，张继瑜研究员入选全国农业科研杰出人才，其带领的“兽药创新与安全评价创新团队”入选创新团队。

● 12月10—11日，杨志强所长、阎萍副所长率队前往甘南藏族自治州临潭县，举办2015年“联村联户为民富民”培训会，对全县广大种植、养殖户进行专题培训，提高当地农牧业生产科技水平。

● 12月12日，张继瑜研究员获批入选2015年国家百千万人才工程，并被授予“有突出贡献中青年专家”荣誉称号。

● 12月14日，四川省民政厅董维全副厅长一行5人来研究所开展交流洽谈并签署合作协议书。

● 12月17日，内蒙古农牧科学院赵存发院长、内蒙古蒙羊牧业股份有限公司董事长秘书黄宝龙和项目经理祁一峰来研究所交流洽谈。

● 12月19日，研究所与成都中牧生物药业有限公司在成都签署战略合作协议。杨志强所长与成都中牧生物药业有限公司廖成斌董事长共同为“联合实验室”揭牌。

● 12月21日，研究所与江油小寨子生物科技有限公司成果转化基地建设研讨会在四川绵阳召开。研究所与小寨子公司共同建设的“科研成果转化基地”“科研教学实验实践基地”和“中兽药协同创新基地”在会上挂牌成立。

● 12月25日，研究所按照中国农业科学院党组部署召开2015年度领导班子“三严三实”专题民主生活会。中国农业科学院人事局吴京凯副局长到会指导。

第八部分　职工名册

一、在职职工名册

序号	姓名	性别	出生年月	参加工作时间	党群关系	学历学位	行政职务	专业技术职务	所在处室	备注
1	杨志强	男	1957-12	1982-02	党员	大学	所　长	研究员		党委副书记
2	刘永明	男	1957-05	1980-12	党员	大学	书　记	研究员		副所长 工会主席
3	张继瑜	男	1967-12	1991-07	党员	博士	副所长	研究员		党委委员 纪委书记
4	阎　萍	女	1963-06	1984-10	党员	博士	副所长	研究员		党委委员
5	赵朝忠	男	1964-03	1984-07	党员	大学	主　任	副　研	办公室	
6	陈化琦	男	1976-10	1999-07	党员	大学	副主任	副　研	办公室	
7	张小甫	男	1981-11	2008-07	党员	硕士		助　研	办公室	
8	符金钟	男	1982-10	2005-06	党员	硕士		助　研	办公室	
9	张　梅	女	1962-10	1986-09		中专		实验师	后　勤	
10	陈云峰	男	1961-10	1977-04		高中		技　师	办公室	
11	韩　忠	男	1961-10	1978-12		大学		技　师	办公室	
12	罗　军	男	1967-12	1982-10	党员	大专		技　师	办公室	
13	康　旭	男	1968-01	1984-10		大专		高级工	办公室	
14	王学智	男	1969-07	1995-06	党员	博士	处　长	研究员	科技处	
15	曾玉峰	男	1979-07	2005-06	党员	硕士	副处长	副　研	科技处	
16	周　磊	男	1979-05	2006-08	党员	硕士		助　研	科技处	
17	师　音	女	1983-03	2008-03	党员	硕士		助　研	科技处	
18	杨　晓	男	1985-02	2010-07		硕士		助　研	科技处	
19	吕嘉文	男	1978-08	2001-08		硕士		助　研	科技处	
20	刘丽娟	女	1988-07	2014-07	党员	硕士		研实员	科技处	
21	赵四喜	男	1961-10	1983-08	九三	大学		编　审	编辑部	
22	魏云霞	女	1965-07	1987-07	九三	博士		副　研	编辑部	
23	程胜利	男	1971-03	1997-07	民盟	硕士		副　研	编辑部	

（续表）

序号	姓名	性别	出生年月	参加工作时间	党群关系	学历学位	行政职务	专业技术职务	所在处室	备注
24	陆金萍	女	1972-06	1996-07	党员	大学		副　研	编辑部	
25	肖玉萍	女	1979-11	2005-07	党员	硕士		副编审	编辑部	
26	王贵兰	女	1963-03	1986-07		大学		助　研	编辑部	
27	杨保平	男	1964-09	1984-07		大学		助　研	编辑部	
28	王华东	男	1979-04	2005-07		硕士		助　研	编辑部	
29	杨振刚	男	1967-09	1991-07	党员	大学	处　长	副　研	党办人事处	党委委员
30	荔　霞	女	1977-10	2000-09	党员	博士	副处长	副　研	党办人事处	
31	吴晓睿	女	1974-03	1992-12	党员	大学	副主科	副　研	党办人事处	
32	牛晓荣	男	1958-02	1975-04	党员	大专	主　科	高级实验师	党办人事处	
33	席　斌	男	1981-04	2004-07	党员	硕士		助　研	党办人事处	
34	黄东平	男	1961-06	1979-12		高中		技　师	党办人事处	
35	赵　博	女	1985-08	2015-07		硕士			党办人事处	新职工
36	肖　堃	女	1960-08	1977-06	党员	大学	处　长	会计师	条财处	
37	巩亚东	男	1961-06	1978-10	党员	大专	副处长	实验师	条财处	
38	王　昉	女	1975-07	1996-06	党员	大学		高级会计师	条财处	
39	陈　靖	男	1982-10	2008-06	党员	硕士		助　研	条财处	
40	李宠华	女	1972-05	2010-07	党员	硕士		助　研	条财处	
41	邓海平	男	1983-10	2009-06		硕士		助　研	条财处	
42	张玉纲	男	1972-01	1995-11	党员	大学	副主科	助　研	条财处	
43	宋　青	女	1969-05	1990-08		高中		技　师	条财处	
44	郝　媛	女	1976-04	2012-07	党员	大学		研实员	房产处	
45	张书诺	男	1956-02	1980-12		大专	主　科	高级实验师	条财处	
46	杨宗涛	男	1962-09	1982-02		高中		技　师	条财处	
47	孔繁矼	男	1959-07	1976-06		大专		副　研	条财处	
48	冯　锐	女	1970-07	1994-08		大专	副主科	助实师	条财处	
49	刘　隆	男	1959-11	1976-12	党员	高中	主　科	助实师	条财处	
50	赵　雯	女	1975-10	1996-11		大专		助实师	条财处	
51	杨克文	男	1957-03	1974-12		高中		技　师	条财处	
52	柴长礼	男	1957-04	1975-03		高中		技　师	条财处	

（续表）

序号	姓名	性别	出生年月	参加工作时间	党群关系	学历学位	行政职务	专业技术职务	所在处室	备注
53	李建喜	男	1971-10	1995-06		博士	主　任	研究员	中兽医	
54	严作廷	男	1962-08	1986-07	九三	博士	副主任	研究员	中兽医	
55	潘　虎	男	1962-10	1983-08	党员	大学	副主任	副　研	中兽医	
56	郑继方	男	1958-12	1983-08		大学		研究员	中兽医	
57	罗超应	男	1960-01	1982-08	党员	大学		研究员	中兽医	
58	李宏胜	男	1964-10	1987-07	九三	博士		研究员	中兽医	
59	李新圃	女	1962-05	1983-08	民盟	博士		副　研	中兽医	
60	罗金印	男	1969-07	1992-10		大学		副　研	中兽医	
61	吴培星	男	1962-11	1985-05	党员	博士		副　研	中兽医	
62	苗小楼	男	1972-04	1996-07		大学		副　研	中兽医	
63	李锦宇	男	1973-10	1997-07	党员	大学		副　研	中兽医	
64	王旭荣	女	1980-04	2008-06		博士		副　研	中兽医	
65	谢家声	男	1956-06	1974-12	党员	大专		高级实验师	中兽医	
66	孟嘉仁	男	1956-10	1980-12		中专		实验师	中兽医	
67	王东升	男	1979-09	2005-06	九三	硕士		助　研	中兽医	
68	董书伟	男	1980-09	2007-07	党员	硕士		助　研	中兽医	
69	张　凯	男	1982-10	2008-06	党员	硕士		助　研	中兽医	
70	张世栋	男	1983-05	2008-07	党员	硕士		助　研	中兽医	
71	王胜义	男	1981-01	2010-07	党员	硕士		助　研	中兽医	
72	张景艳	女	1980-12	2009-06		硕士		助　研	中兽医	
73	王贵波	男	1982-08	2009-07	党员	硕士		助　研	中兽医	
74	辛蕊华	女	1981-01	2008-06		硕士		助　研	兽药室	
75	尚小飞	男	1986-09	2010-07	党员	硕士		助　研	中兽医	
76	杨　峰	男	1985-03	2011-06		硕士		助　研	中兽医	
77	崔东安	男	1981-03	2014-07	党员	博士		助　研	中兽医	
78	王　慧	男	1985-10	2012-07	党员	硕士		研实员	中兽医	
79	王　磊	女	1985-09	2012-07	党员	硕士		研实员	中兽医	
80	张　康	男	1987-06	2015-07		硕士			中兽医	新职工
81	梁剑平	男	1962-05	1985-10	九三	博士	副主任	研究员	兽药室	
82	李剑勇	男	1971-12	1995-06	党员	博士	副主任	研究员	兽药室	
83	蒲万霞	女	1964-10	1985-07	九三	博士		研究员	兽药室	
84	罗永江	男	1966-09	1991-07	九三	大学		副　研	兽药室	
85	程富胜	男	1971-08	1996-07	党员	博士		副　研	兽药室	

（续表）

序号	姓名	性别	出生年月	参加工作时间	党群关系	学历学位	行政职务	专业技术职务	所在处室	备注
86	周绪正	男	1971-07	1994-06		大学		副　研	兽药室	
87	陈炅然	女	1968-10	1991-10	党员	博士		副　研	兽药室	
88	牛建荣	男	1968-01	1992-10	党员	硕士		副　研	兽药室	
89	王　玲	女	1969-10	1996-09		硕士		副　研	兽药室	
90	尚若峰	男	1974-10	1999-04	党员	博士		副　研	兽药室	
91	李世宏	男	1974-05	1999-07	党员	大学		副　研	兽药室	
92	王学红	女	1975-12	1999-07	九三	硕士		高级实验师	兽药室	
93	魏小娟	女	1976-12	2004-07	党员	硕士		助　研	兽药室	
94	郭志廷	男	1979-09	2007-05		硕士		助　研	兽药室	
95	刘　宇	男	1981-08	2007-06		硕士		助　研	兽药室	
96	郭文柱	男	1980-04	2007-11	党员	硕士		助　研	兽药室	
97	李　冰	女	1981-05	2008-06	党员	硕士		助　研	兽药室	
98	杨亚军	男	1982-09	2008-04	党员	硕士		助　研	兽药室	
99	郝宝成	男	1983-02	2010-06		硕士		助　研	兽药室	
100	刘希望	男	1986-05	2010-07	党员	硕士		助　研	兽药室	
101	秦　哲	女	1983-03	2012-07	党员	博士		助　研	兽药室	
102	孔晓军	男	1982-12	2013-07	党员	硕士		研实员	兽药室	
103	杨　珍	女	1989-05	2014-07	党员	硕士		研实员	兽药室	
104	杜文斌	男	1989-11	2015-07	党员	硕士			兽药室	新职工
105	高雅琴	女	1964-04	1986-08	党员	大学	主　任	研究员	畜牧室	
106	梁春年	男	1973-12	1997-07	党员	博士	副主任	副　研	畜牧室	
107	杨博辉	男	1964-10	1986-07	民盟	博士		研究员	畜牧室	
108	孙晓萍	女	1962-11	1983-08	九三	大学		副　研	畜牧室	
109	朱新书	男	1957-06	1983-08	党员	大学		副　研	畜牧室	
110	杜天庆	男	1963-12	1989-11	民盟	硕士		副　研	畜牧室	
111	郭　宪	男	1978-02	2003-07	党员	博士		副　研	畜牧室	
112	丁学智	男	1979-03	2010-07		博士		副　研	畜牧室	
113	郭天芬	女	1974-06	1997-11	民盟	大学		副　研	畜牧室	
114	刘建斌	男	1977-09	2004-06		博士		副　研	畜牧室	
115	王宏博	男	1977-06	2005-06	党员	博士		副　研	畜牧室	
116	郭　健	男	1964-09	1987-07	九三	大学		高级实验师	畜牧室	
117	牛春娥	女	1968-10	1989-12	民盟	硕士		高级实验师	畜牧室	

（续表）

序号	姓名	性别	出生年月	参加工作时间	党群关系	学历学位	行政职务	专业技术职务	所在处室	备注
118	李维红	女	1978-08	2005-06	党员	博士		高级实验师	畜牧室	
119	裴　杰	男	1979-09	2006-06		硕士		助　研	畜牧室	
120	包鹏甲	男	1980-09	2007-06	党员	硕士		助　研	畜牧室	
121	岳耀敬	男	1980-10	2008-07	党员	硕士		助　研	畜牧室	
122	褚　敏	女	1982-09	2008-07	党员	硕士		助　研	畜牧室	
123	郭婷婷	女	1984-09	2010-07	党员	硕士		助　研	畜牧室	
124	熊　琳	男	1984-03	2010-07	党员	硕士		助　研	畜牧室	
125	冯瑞林	男	1959-06	1976-03		大专		实验师	畜牧室	
126	梁丽娜	女	1966-03	1987-08		中专		实验师	畜牧室	
127	袁　超	男	1981-04	2014-07	党员	博士		助　研	畜牧室	
128	杨晓玲	女	1987-01	2013-07	党员	硕士		研实员	畜牧室	
129	吴晓云	男	1986-10	2015-07	党员	博士			畜牧室	新职工
130	时永杰	男	1961-12	1982-08	党员	大学	处　长	研究员	草饲室	
131	李锦华	男	1963-08	1985-07	党员	博士	副主任	副　研	草饲室	
132	常根柱	男	1956-03	1974-12	党员	大普		研究员	草饲室	
133	王晓力	女	1965-07	1987-12	党员	大学		副　研	草饲室	
134	田福平	男	1976-09	2004-07	党员	硕士		副　研	草饲室	
135	张怀山	男	1969-04	1991-12		硕士		助　研	草饲室	
136	路　远	女	1980-03	2006-06	党员	硕士		助　研	草饲室	
137	杨红善	男	1981-09	2007-06	党员	硕士		助　研	草饲室	
138	张　茜	女	1980-11	2008-06	党员	博士		助　研	草饲室	
139	王春梅	女	1981-11	2008-06		硕士		助　研	草饲室	
140	胡　宇	男	1983-09	2010-06	党员	硕士		助　研	草饲室	
141	朱新强	男	1985-07	2011-06	党员	硕士		助　研	草饲室	
142	周学辉	男	1964-10	1987-07	党员	大学		实验师	草饲室	
143	贺洞杰	男	1987-10	2013-07		硕士		研实员	草饲室	
144	苏　鹏	男	1963-04	1984-07	党员	大学	主　任	副　研	后　勤	
145	张继勤	男	1971-11	1994-07	党员	大学	副主任	副　研	后　勤	
146	李　誉	男	1982-12	2004-08		大专		助　研	后　勤	
147	魏春梅	女	1966-06	1987-07	民盟	中专		实验师	后　勤	
148	王建林	男	1965-05	1987-07		中专	副主科	实验师	后　勤	
149	戴凤菊	女	1963-10	1986-08	党员	大学	副主科	实验师	后　勤	
150	李志斌	男	1972-03	1995-07		大专		实验师	后　勤	

（续表）

序号	姓名	性别	出生年月	参加工作时间	党群关系	学历学位	行政职务	专业技术职务	所在处室	备注
151	游　昉	男	1956-12	1974-05	党员	高中	主　科	会计师	后　勤	
152	马安生	男	1960-01	1978-12		高中		技　师	后　勤	
153	周新明	男	1958-04	1976-03		高中		技　师	后　勤	
154	梁　军	男	1959-12	1977-04		高中		技　师	后　勤	
155	刘庆平	男	1959-08	1976-03		高中		技　师	后　勤	
156	郭天幸	男	1961-12	1983-07		高中		技　师	后　勤	
157	徐小鸿	男	1959-07	1976-03		高中		技　师	后　勤	
158	屈建民	男	1958-02	1975-03		高中		技　师	后　勤	
159	雷占荣	男	1963-08	1983-04		初中		技　师	后　勤	
160	张金玉	男	1959-06	1976-04		高中		技　师	后　勤	
161	路瑞滨	男	1960-05	1982-12		高中		技　师	后　勤	
162	刘好学	男	1962-06	1982-10		高中		技　师	后　勤	
163	杨建明	男	1964-06	1983-06		高中		技　师	后　勤	
164	王小光	男	1965-05	1984-10	党员	高中		技　师	后　勤	
165	陈宇农	男	1965-10	1984-10		高中		技　师	后　勤	
166	杨世柱	男	1962-03	1983-07	党员	硕士	副处长	副　研	基地处	
167	董鹏程	男	1975-01	1999-11	党员	博士	副处长	副　研	基地处	
168	王　瑜	男	1974-11	1997-09	党员	硕士	正科级	助　研	基地处	
169	李润林	男	1982-08	2011-07	党员	硕士		助　研	基地处	
170	朱海峰	男	1958-02	1975-03		大学		助　研	基地处	
171	焦增华	女	1978-11	2004-09		硕士		助　研	基地处	
172	汪晓斌	男	1975-09	2005-06		大专		助　研	基地处	
173	赵保蕴	男	1972-05	1990-03	党员	大专		实验师	基地处	
174	樊　堃	男	1961-03	1977-04		高中	主　科	实验师	基地处	
175	李　伟	男	1963-03	1980-11		中专		畜牧师	基地处	
176	李　聪	男	1959-10	1977-04		大专		助实师	基地处	
177	张　彬	男	1973-11	1995-11		大专		助实师	基地处	
178	郑兰钦	男	1959-07	1976-03	党员	高中	主　科		基地处	
179	朱光旭	男	1959-11	1976-03	党员	大专		技　师	基地处	
180	肖　华	男	1963-11	1980-11		高中		技　师	基地处	
181	王蓉城	男	1964-05	1983-10		大专		技　师	基地处	
182	毛锦超	男	1964-02	1986-09		高中		技　师	基地处	
183	李志宏	男	1965-08	1986-09		高中		技　师	基地处	

（续表）

序号	姓名	性别	出生年月	参加工作时间	党群关系	学历学位	行政职务	专业技术职务	所在处室	备注
184	钱春元	女	1962-12	1979-11	党员	中专		馆　员	其　他	
185	韩福杰	男	1962-12	1987-07	九三	大学		助　研	其　他	
186	张　岩	男	1970-09	1987-11		中专		中级工	其　他	
187	张　凌	女	1962-12	1977-01	党员	大学		经济师	其　他	
188	薛建立	男	1964-04	1981-10		初中		中级工	基地处	
189	张　项	女	1964-02	1982-12	党员	高中		实验师	其　他	

二、离休职工名册

序号	姓名	性别	出生年月	参加工作时间	党群关系	学历学位	原行政职务	原专业技术职务	离休时间	享受待遇
1	杨茂林	男	1922-08	1947-08	党员	初中	副主任		1983-10	副地级
2	游曼清	男	1922-04	1948-09		大学		副研究员	1985-09	司局级
3	邓诗品	男	1927-03	1948-11		大学		副研究员	1986-05	司局级
4	宗恩泽	男	1924-12	1949-02	党员	大学		副研究员	1985-06	司局级
5	杨　萍	女	1926-01	1948-03		初中	主任科员		1987-03	处级
6	张敬钧	男	1924-10	1949-06		初中		会计师	1987-11	处级
7	余智言	女	1933-12	1949-03		高中		助理研究员	1989-03	处级
8	张　歆	女	1930-12	1948-11		中专			1985-09	处级

三、退休职工名册

序号	姓名	性别	出生年月	参加工作时间	党群关系	学历学位	原行政职务	原专业技术职务	退休时间	享受待遇
1	刁仁杰	男	1927-09	1949-11	党员	大学	副主任	高级兽医师	1987-12	副处级
2	侯奕昭	女	1931-01	1955-08		大专		实验师	1987-12	
3	李玉梅	女	1926-07	1952-04		初中		会计师	1987-12	
4	刘端庄	女	1932-12	1956-03		初中		实验师	1987-11	
5	瞿自明	男	1930-07	1951-08	党员	大学	副所调	研究员	1996-03	副地级
6	梁洪诚	女	1935-08	1955-08		大专		高级实验师	1990-03	

（续表）

序号	姓名	性别	出生年月	参加工作时间	党群关系	学历学位	原行政职务	原专业技术职务	退休时间	享受待遇
7	史振华	男	1930-05	1956-02	党员	高小	主任科员		1990-01	正科级
8	李雅茹	女	1934-12	1960-06		大学		副研究员	1990-01	
9	杨玉英	女	1934-04	1951-03	党员	大专	副主任	实验师	1990-01	副处级
10	景宜兰	女	1934-11	1953-08		中专		实验师	1990-01	
11	肖尽善	男	1930-01	1955-09	九三	大学		高级兽医师	1990-03	
12	魏　珽	男	1930-02	1956-08	党员	研究生		研究员	1990-04	
13	郑长令	男	1934-10	1951-02		高中	主任科员		1994-10	正科级
14	樊斌堂	男	1930-09	1959-08	党员	大学	副主任	副研究员	1990-09	副处级
15	吴绍斌	男	1942-07	1963-10		大专		高级实验师	2002-08	
16	赵秀英	女	1937-02	1958-10	党员	高中		会计师	1991-08	
17	董树芳	女	1938-02	1959-09		大专		实验师	1993-02	
18	杨翠琴	女	1938-10	1957-10		初中		实验师	1993-10	
19	王宇一	男	1933-03	1961-08	党员	大学	副处调	副研究员	1993-03	副处级
20	张翠英	女	1938-03	1960-02		初中	主任科员		1993-03	正科级
21	张科仁	男	1934-01	1956-09	民盟	大学	主任	副研究员	1994-01	正处级
22	屈文焕	男	1934-01	1950-01	党员	大专	副主任	兽医师	1994-01	副处级
23	胡贤玉	女	1937-08	1961-08		大学	副处长	副研究员	1994-03	副处级
24	师泉海	男	1934-08	1959-08	党员	大学	副书记	高级兽医师	1994-10	副地级
25	刘绪川	男	1934-10	1957-08	党员	大学		研究员	1994-12	
26	王兴亚	男	1934-10	1957-10	党员	大学	主任	研究员	1994-12	正处级
27	李臣海	男	1935-01	1953-03	党员	高小	主任科员		1995-01	正科级
28	董　杰	男	1935-02	1952-08		大专		兽医师	1995-02	

（续表）

序号	姓名	性别	出生年月	参加工作时间	党群关系	学历学位	原行政职务	原专业技术职务	退休时间	享受待遇
29	钟伟熊	男	1935-04	1959-08	党员	大学		研究员	1995-04	
30	毛鬫岳	男	1935-07	1955-11		高中	副处长		1995-07	副处级
31	王云鲜	女	1940-11	1959-10	九三	大学		高级兽医师	1995-11	
32	罗敬完	女	1937-12	1963-09	九三	大专		高级验实师	1996-06	
33	姚拴林	男	1936-07	1964-08		大学		副研究员	1996-07	
34	赵志铭	男	1936-11	1960-09	党员	大学		研究员	1996-11	
35	冯永秀	男	1929-07	1951-01	九三	大专		助理研究员	1989-08	
36	游稚芳	女	1938-06	1960-09	九三	大学		助理研究员	1993-07	
37	潘榴仙	女	1928-06	1953-09		大学		助理研究员	1984-07	
38	王玉春	女	1939-05	1964-08	九三	大学		研究员	1999-05	
39	赵荣材	男	1939-05	1961-08	党员	大学	所长	研究员	2000-06	正地级
40	王道明	男	1928-05	1956-09	九三	大学		助理研究员	1988-12	
41	侯彩芸	女	1935-01	1960-09		大学		副研究员	1990-02	
42	陈哲忠	男	1930-12	1956-09	民盟	大学	主任	副研究员	1991-01	处级
43	陈树繁	男	1931-05	1951-01		大学		副研究员	1991-06	
44	兰文玲	女	1931-01	1955-08		大学		助理研究员	1987-10	
45	王素兰	女	1937-02	1960-09	九三	大学		副研究员	1992-03	
46	张德银	男	1933-01	1952-08	党员	中专	副所调	助理研究员	1993-02	副地级
47	孙明经	男	1933-10	1953-05	党员	大学	副所长	副研究员	1993-11	副地级
48	王正烈	男	1933-11	1956-09	党员	大专		副研究员	1993-12	副处级
49	刘桂珍	女	1938-11	1962-09		大学		助理研究员	1993-12	
50	李东海	男	1934-01	1959-08		大学	副主任	副研究员	1994-02	副处级

（续表）

序号	姓名	性别	出生年月	参加工作时间	党群关系	学历学位	原行政职务	原专业技术职务	退休时间	享受待遇
51	张志学	男	1933-12	1956-09	党员	大专	副所长	副研究员	1994-01	副所级
52	苏连登	男	1934-12	1963-11	党员	大学		副研究员	1995-01	
53	同文轩	男	1935-02	1959-09	民革	大学		副研究员	1995-03	副处级
54	郝景琦	女	1940-02	1963-09	九三	大学		副编审	1995-03	
55	邢锦珊	男	1935-06	1962-07	民盟	研究生	副主任	副研究员	1995-07	副处级
56	高香莲	女	1940-08	1951-01		中专	主任科员		1995-09	正科级
57	姚树清	男	1936-08	1960-09		大学		研究员	1996-09	
58	张文远	男	1936-10	1965-09	党员	研究生	主任	研究员	1996-11	正处级
59	郭　刚	男	1936-11	1960-09		大学		副研究员	1996-12	
60	周省善	男	1935-12	1961-04	党员	大学	主任	副研究员	1996-01	正处级
61	杜建中	男	1937-10	1957-08	党员	大学	主任	研究员	1997-10	正处级
62	王宝理	男	1937-10	1957-08	党员	大专	副站长	高级畜牧师	1997-10	副处级
63	张隆山	男	1937-07	1963-09	党员	大学	主任	研究员	1997-07	正处级
64	弋振华	男	1937-01	1959-05	党员	中专	主任	高级兽医师	1997-01	正处级
65	李世平	女	1943-07	1966-09	民盟	大专		助理研究员	1997-12	
66	唐宜昭	男	1938-09	1962-02	党员	大学		副研究员	1998-01	
67	张礼华	女	1939-12	1963-09	党员	大学	主任	研究员	1998-02	正处级
68	曹廷弼	男	1938-03	1963-09	党员	大学	主任	副研究员	1998-03	正处级
69	张遵道	男	1937-11	1961-05	党员	大学	副所长	研究员	1998-06	副地级
70	卢月香	女	1943-01	1967-08		大学		高级实验师	1998-07	
71	宜翠峰	女	1943-06	1966-04		高中	主任科员		1998-07	正科级
72	熊三友	男	1938-08	1963-08	党员	大学		研究员	1998-08	正处级

（续表）

序号	姓名	性别	出生年月	参加工作时间	党群关系	学历学位	原行政职务	原专业技术职务	退休时间	享受待遇
73	薛善阁	男	1938-08	1957-02	党员	初中	主任科员		1998-08	正科级
74	张登科	男	1938-08	1959-05	党员	中专	主任	高级畜牧师	1998-08	正处级
75	马呈图	男	1938-10	1963-07		大学		研究员	1998-10	
76	苏　普	女	1938-12	1963-08	党员	大学	主任	研究员	1998-12	正处级
77	裴秀珍	女	1944-04	1964-02		高中	主任科员	会计师	1999-04	正科级
78	张　俊	男	1939-08	1964-12		初中		经济师	1999-08	
79	陈国英	女	1944-11	1964-12		高中		馆员	1999-10	
80	雷　鸣	男	1939-12	1963-08	党员	大学	副书记	高级农艺师	2000-01	副地级
81	董明显	男	1939-12	1962-08	九三	大学		副研究员	2000-01	
82	魏秀霞	女	1950-10	1978-09		中专		实验师	2000-01	
83	陆仲磷	男	1940-03	1961-08	党员	大学	副所长	研究员	2000-06	副地级
84	王素华	女	1945-08	1964-04	党员	初中			2000-05	正处级
85	康承伦	男	1940-03	1966-09	党员	研究生		研究员	2000-04	
86	石　兰	女	1946-05	1965-12		高中	主任科员	会计师	2000-07	正科级
87	夏文江	男	1936-09	1959-08	民盟	大学	主任	研究员	2000-07	正处级
88	吴丽英	女	1946-09	1965-11	党员	高中	副科长	会计师	2001-10	正科级
89	王毓文	女	1946-09	1964-09	党员	高中	主科	实验师	2001-10	正科级
90	赵振民	男	1942-09	1965-08	民盟	大学		副研究员	2002-10	
91	张东弧	男	1942-09	1959-09	党员	研究生	主任	研究员	2002-10	正处级
92	王利智	男	1942-10	1965-09	九三	大学	主任	研究员	2002-11	正处级
93	侯　勇	女	1947-12	1966-09	九三	中专	副主席	会计师	2003-01	副处级
94	周宗田	女	1948-02	1977-01		中专		实验师	2003-04	

（续表）

序号	姓名	性别	出生年月	参加工作时间	党群关系	学历学位	原行政职务	原专业技术职务	退休时间	享受待遇
95	徐忠赞	男	1943-12	1967-09	民盟	大学		研究员	2004-01	
96	李　宏	女	1946-02	1967-08		研究生		副研究员	2004-01	
97	马希文	男	1944-02	1969-09	党员	大学	站长	高级兽医师	2004-03	正处级
98	秦如意	男	1944-03	1966-09	党员	大学	副主任	副研究员	2004-04	副处级
99	马永财	男	1944-11	1965-08	党员	初中	主任科员		2004-11	正科级
100	刘秀琴	女	1949-12	1968-07		大专	主任科员	实验师	2005-01	正科级
101	蔡东峰	男	1945-12	1968-12	党员	大学	主任	高级兽医师	2006-01	正处级
102	王槐田	男	1946-01	1970-08	党员	大学	处长	研究员	2006-01	正处级
103	苏美芳	女	1951-04	1968-11		初中	主任科员		2006-04	正科级
104	戚秀莲	女	1951-06	1972-01		中专	主任科员	助理会计师	2006-06	正科级
105	高　芳	女	1951-06	1968-11	民盟	大普		高级实验师	2006-06	
106	张菊瑞	女	1951-12	1968-12	党员	中专	副处		2006-12	副处级
107	杨晋生	男	1947-02	1968-12		中专	主任科员		2007-02	正科级
108	孟聚诚	男	1948-01	1968-06	九三	大学		研究员	2008-01	
109	刘文秀	女	1953-03	1973-08	党员	大普		副研究员	2008-03	
110	丰友林	女	1953-02	1977-01	党员	大普		副编审	2008-02	
111	刘国才	男	1948-04	1975-10	党员	初中	副处		2008-04	副处级
112	梁纪兰	女	1954-01	1974-08		大学		研究员	2009-02	
113	庞振岭	男	1949-08	1969-01		初中	主任科员	实验师	2009-09	
114	王建中	男	1949-10	1969-12	党员	中专	主任	实验师	2009-10	正处级
115	郭　凯	男	1949-09	1976-01		中专	主任科员	助理实验师	2009-09	正科级
116	赵青云	女	1955-07	1976-10	九三	中专		实验师	2010-07	

（续表）

序号	姓名	性别	出生年月	参加工作时间	党群关系	学历学位	原行政职务	原专业技术职务	退休时间	享受待遇
117	蒋忠喜	男	1950-08	1968-11	党员	大专	主任		2010-09	正处级
118	苗小林	女	1955-10	1974-03	党员	高中		实验师	2010-10	
119	李广林	男	1950-12	1969-06	党员	大普		高级实验师	2010-12	
120	胡振英	女	1956-01	1973-10	九三	大普		高级实验师	2011-01	
121	崔　颖	女	1956-10	1973-11	九三	大学		副研究员	2011-10	
122	白学仁	男	1952-06	1968-07	党员	大专	处长		2012-06	正处级
123	党　萍	女	1957-10	1974-06		大普		高级实验师	2012-10	
124	张志常	男	1953-05	1976-10	党员	中专		助理研究员	2013-05	
125	杨耀光	男	1953-07	1982-02	党员	大学	副所长	研究员	2013-07	
126	袁志俊	男	1953-08	1969-12	党员	大专	处长		2013-08	正处级
127	白花金	女	1958-09	1981-08	民盟	中专		实验师	2013-09	
128	李金善	男	1953-11	1974-12	党员	高中		实验师	2013-11	
129	常玉兰	女	1958-12	1976-03		高中		实验师	2013-12	
130	齐志明	男	1954-02	1978-10		大普		副研究员	2014-02	
131	王成义	男	1954-06	1978-09	党员	大普	处长	高级畜牧师	2014-06	正处级
132	宋　瑛	女	1959-06	1976-03	党员	高中	主任科员	助理实验师	2014-06	
133	常　城	男	1954-07	1970-04		大专		高级实验师	2014-07	
134	张　玲	女	1959-11	1976-03		大专		实验师	2014-11	
135	华兰英	女	1959-11	1976-03		高中		馆员	2014-11	
136	焦　硕	男	1955-06	1976-10	九三	大学		副研究员	2015-06	
137	关红梅	女	1960-09	1976-03	九三	大学		助理研究员	2015-09	
138	贾永红	女	1960-10	1977-03	党员	大学		实验师	2015-10	

（续表）

序号	姓名	性别	出生年月	参加工作时间	党群关系	学历学位	原行政职务	原专业技术职务	退休时间	享受待遇
139	脱玉琴	女	1939-07	1961-05		初中			1989-06	
140	张东仙	女	1940-04	1959-01		高小			1990-06	
141	崔连堂	男	1930-05	1949-09		初小			1990-06	
142	刘定保	男	1940-12	1960-04		高中		高级工	1984-10	
143	雷发有	男	1936-08	1957-07		初小		高级工	1981-07	
144	李菊芬	女	1936-10	1955-04		初中		高级工	1988-01	
145	雷紫霞	女	1941-02	1982-10		高中		高级工	1989-02	
146	朱家兰	女	1923-09	1959-01		高中		高级工	1982-10	
147	吕凤英	女	1947-04	1959-00	党员	初小		高级工	1997-05	
148	刘天会	男	1952-06	1969-01		小学		高级工	1998-02	
149	郑贺英	女	1949-02	1976-10		小学		中级工	1999-03	
150	耿爱琴	女	1949-10	1965-08		高小		高级工	1999-08	
151	付玉环	女	1951-10	1970-10		初中		高级工	2000-09	
152	朱元良	男	1943-12	1960-08		高小		技师	2004-01	
153	王金福	男	1946-01	1964-09		初中		高级工	2006-01	
154	魏孔义	男	1946-09	1964-12		高小		高级工	2006-09	
155	刘振义	男	1948-09	1968-01		高小		高级工	2008-09	
156	孙小兰	女	1959-12	1977-04		高中		高级工	2009-12	
157	陈　静	女	1960-01	1976-03		高中		高级工	2010-01	
158	刘庆华	女	1960-09	1977-04		高中		高级工	2010-09	
159	杜长龄	男	1951-01	1970-08		初中		高级工	2011-01	
160	陈维平	男	1951-06	1968-11		高中		高级工	2011-06	

（续表）

序号	姓名	性别	出生年月	参加工作时间	党群关系	学历学位	原行政职务	原专业技术职务	退休时间	享受待遇
161	张惠霞	女	1961-06	1979-12		高中		高级工	2011-06	
162	刘世祥	男	1953-09	1970-09		高中		技师	2013-09	
163	代学义	男	1954-03	1970-11		初中		技师	2014-03	
164	翟钟伟	男	1954-10	1970-12		初中		技师	2014-10	
165	方　卫	男	1954-10	1972-12		初中		技师	2014-10	
166	白本新	男	1955-10	1973-12		高中		技师	2015-10	

四、离职职工名册

序号	姓 名	性别	出生年月	参加工作时间	党群关系	学历学位	行政职务	专业技术职务	原所在处室	备注
1	宋中枢	男	1958-08	1976-09	党员	学士			其他	2015-02 辞职
2	陈　功	男	1965-11	1991-08		博士			其他	2015-02 辞职
3	王娟娟	女	1982-06	2014-07	党员	博士			兽药室	2015-08 辞职
4	郎　侠	男	1976-06	2003-07		博士			畜牧室	2015-09 调离

五、各部门人员名册

部门	工作人员
所领导（4 人）	杨志强　刘永明　张继瑜　阎　萍
办公室（9 人）	赵朝忠　陈化琦　符金钟　张小甫　陈云峰　罗　军　韩　忠　张　梅　康　旭
科技处（15 人）	王学智　曾玉峰　周　磊　师　音　刘丽娟　吕嘉文　杨　晓　魏云霞　赵四喜　程胜利　杨保平　肖玉萍　王华东　陆金萍　王贵兰
党办人事处（7 人）	杨振刚　荔　霞　吴晓睿　牛晓荣　席　斌　黄东平　赵　博
条件建设与财务处（17 人）	肖　堃　巩亚东　王　昉　张玉纲　陈　靖　宋　青　李宠华　邓海平　郝　媛　刘　隆　冯　锐　赵　雯　张书诺　杨宗涛　孔繁矼　杨克文　柴长礼
草业饲料室（14 人）	时永杰　李锦华　常根柱　王晓力　田福平　张怀山　路　远　杨红善　张　茜　王春梅　胡　宇　周学辉　朱新强　贺洞杰
畜牧研究室（25 人）	高雅琴　梁春年　杨博辉　朱新书　孙晓萍　杜天庆　郭　宪　丁学智　郭　健　牛春娥　郭天芬　李维红　冯瑞林　王宏博　刘建斌　裴　杰　包鹏甲　岳耀敬　褚　敏　郭婷婷　梁丽娜　熊　琳　杨晓玲　袁　超　吴晓云

（续表）

部门	工作人员
中兽医（兽医）研究室（28人）	李建喜　严作廷　潘　虎　郑继方　罗超应　李宏胜　李新圃　罗金印 吴培星　苗小楼　李锦宇　谢家声　孟嘉仁　王东升　董书伟　王旭荣 张　凯　张世栋　王胜义　张景艳　王贵波　辛蕊华　尚小飞　杨　峰 王　慧　王　磊　崔东安　张　康
兽药研究室（24人）	梁剑平　李剑勇　蒲万霞　罗永江　程富胜　周绪正　陈炅然　牛建荣 王　玲　尚若峰　王学红　魏小娟　郭志廷　刘　宇　郭文柱　李　冰 杨亚军　郝宝成　刘希望　杨　珍　李世宏　孔晓军　秦　哲　杜文斌
后勤服务中心（22人）	苏　鹏　张继勤　李　誉　魏春梅　王建林　戴凤菊　陈宇农　李志斌 游　昉　马安生　周新明　梁　军　刘庆平　刘好学　郭天幸　徐小鸿 屈建民　雷占荣　张金玉　王小光　杨建明　路瑞滨
基地管理处（18人）	杨世柱　董鹏程　王　瑜　李润林　朱海峰　焦增华　汪晓斌　赵保蕴 李　伟　李　聪　郑兰钦　朱光旭　肖　华　王蓉城　毛锦超　李志宏 樊　堃　张　彬
其他（6人）	钱春元　韩福杰　张　岩　张　凌　薛建立　张　项